STELLA

管雯漪 编

的四季穿搭魔法

中国电力出版社
CHINA ELECTRIC POWER PRESS

内 容 提 要

　　新颖的手绘卡通表现形式与真人照片的完美结合，打造国内首本真人手绘穿搭教程，作者将历年的海量穿搭灵感及搭配秘籍纳入此书，根据季节及场合，通过颜色、材质、剪裁、配件的搭配变化，给读者带来简单易学的整体造型全新体验。从平价到轻奢，各类时尚单品都能轻松驾驭，简单的款式只要花些小心思也能穿出不同效果，拒绝夸张造型，从简洁实用的四季穿搭开始吧。

图书在版编目（CIP）数据

STELLA 的四季穿搭魔法 / 管雯漪编. —北京：中国电力出版社，2019.7
ISBN 978-7-5198-3166-0

Ⅰ.①S⋯　Ⅱ.①管⋯　Ⅲ.①服饰美学　Ⅳ.① TS941.11

中国版本图书馆 CIP 数据核字（2019）第 095191 号

出版发行：中国电力出版社
地　　址：北京市东城区北京站西街 19 号（邮政编码 100005）
网　　址：http://www.cepp.sgcc.com.cn
责任编辑：乐　苑（010-63412380）
责任校对：黄　蓓　马　宁
书籍设计：锋尚设计
责任印制：杨晓东
印　　刷：北京瑞禾彩色印刷有限公司
版　　次：2019 年 7 月第一版
印　　次：2019 年 7 月北京第一次印刷
开　　本：710 毫米 ×1000 毫米　16 开本
印　　张：11
字　　数：196 千字
定　　价：68.00 元

2005年还在念高中的我前往新加坡留学，虽然从小爱好绘画，但阴差阳错选择了理工科IT专业。2011年大学毕业后回国，从事的却是超豪华跑车市场及媒体公关类工作，虽然学习与工作都和兴趣爱好无关，可我始终坚持创作自己的卡通形象和插画。2013年遭遇了父亲去世的变故，深陷痛苦的我将所有的精力投入了绘画创作中，在亲朋好友的鼓励下，创立了自己的卡通品牌"STELLAHUATU"，从牛皮纸打包盒上的黑白线稿插画到公众号的卡通教程，受到了各大论坛以及粉丝网友们的好评。

2017年我回到新加坡，时隔多年，我还是没有选择艺术专业。某一天，我突发奇想地去画材店里买了一套温莎牛顿的马克笔，学着用画笔来记录每天的着装，摸索出了许多色彩搭配的原理。在公众号、微博以及INSTAGRAM上发布自己的"STELLA OUTFIT"日常手绘穿搭后，得到了国内以及国外网友的关注，逐渐成为了一名"手绘穿搭博主"。

　　曾经的我也是个灰头土脸不会打扮的女生，在现实生活包括恋爱期间，遭受过许多因外貌和不会穿衣搭配而带来的嫌弃。为了变得漂亮做过许多努力和尝试，翻看各种时尚杂志，通过各类网站去学习，变换发型、护肤以及穿搭技巧。和大部分女生一样，每天出门前我总会纠结上衣如何搭配下装，鞋子该穿什么颜色，包包背哪一款，配饰该如何更好地利用等这些问题。我并不推崇"最贵=最好"的理念，而是只要衣服款式适合自己，哪怕它是平价网购品或快时尚品牌，依然可以搭配出自己的风格。当然，我也喜欢奢侈品，所以在书里也会有许多大牌与平价的结合。

希望这本手绘穿搭教程能够给爱好绘画的你一点小小的鼓励，书中包括了海量穿搭灵感及搭配秘籍，手绘卡通与真人照片完美结合的全新体验，从平价到轻奢，花些心思简单的款式也能穿出不同效果。根据季节、场合，通过颜色、剪裁、材质、配件的搭配变化，给读者带来简单易学的整体造型。祝愿每个曾经陷入过自卑的女孩，能在这本书中找到变美的信心！最后，也将这本书献给我的父亲，纪念他曾经对我无私的父爱，也愿他能看到我在努力更好地生活着。

作者

2019年3月

目录

前言

STELLA的时尚
单品搭配小秘诀

这些颜色让你
秒变女神

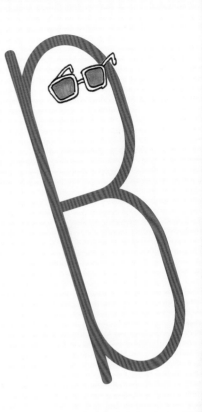

扬长避短的
搭配技巧

四季穿搭秘籍

时尚配饰
搭出女神范

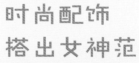

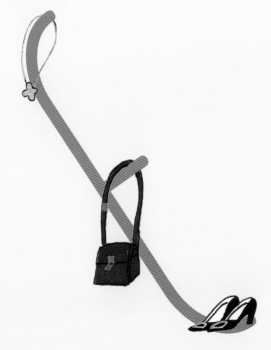

STELLA的
时尚单品搭配
小秘诀

1

穿好基本款上衣

白色基本款衬衣

白色衬衣
+
纯色工装高腰包臀裙

白色基本款衬衣是每个女生衣橱里的必备单品，到了夏天一件棉麻材质的白衬衫也能穿得很职业，一条纯色工装高腰包臀裙就能将OL感体现得恰到好处，如果觉得太单调，可以加一根长项链，简单而普通的款式瞬间有了层次感。

色彩搭配

一套比较显身材的搭配，包臀裙还是比较挑人的款式，所以建议下身比较丰满的妹子谨慎尝试，或者最好搭配高度在6厘米以上的高跟鞋，衬衫尽量挑选领子比较大的款式，并且将袖管卷起来显得比较干练。

Muji

chanel

Chanel

Peace Bird

Dior

Chanel

Jimmy choo

Dior

衬衣/ Muji
裙子/ Peace Bird
鞋子/ Jimmy Choo
项链/ Chanel
包包/ Dior

V字领的基本款中袖T恤

V领中袖T恤
+
黑色紧身小脚裤

V字领的基本款中袖T恤，可以搭配任何款式的外套以适应不同场合。由于前后两片式不同的颜色设计，即便是单穿也不会觉得很奇怪，一条黑色紧身小脚裤配高跟鞋颜色也是十分协调。

Zara

Pull&Bear

VCA

色彩搭配

上衣/ Zara
裤子/ Pull & Bear
鞋子/ Roger Vivier
包包/ Chanel

Chanel

RogerVivier

搭配建议

基本款的V领T恤特别适合那些脖子不是特别长的妹子，V领有拉长脖子的效果，宽松的款式也能遮住一些小肚腩，就算参加聚餐不小心吃多了也不怕尴尬。

基本款
条纹短袖

条纹短袖
+
驼色长裙

基本款条纹短袖搭配驼色长裙一股日系感。休闲属性的条纹与淑女风长裙是绝佳组合，穿上高跟鞋马上温柔十足，驼色系粗犷手环增加搭配亮点。

Taobao

Chanel

Dior

Taobao

Hermes CDC

Jimmy Choo

搭配建议

梨形身材的妹子最适合穿伞裙，可以将比较丰满的下半身完美遮住，个子不够高的话可以穿一双高跟鞋，裙子露出脚踝以上的高度最合适。如果上半身也有些肉肉的女生可能就不适合穿条纹上衣了，因为条纹有扩张的效果。

色彩搭配

上衣/ 淘宝
裙子/ 淘宝
鞋子/ Jimmy Choo
包包/ Dior

宽松款式的
针织套头衫

灰色针织上衣
+
黑色包臀开叉长裙

几乎人手一件的灰色
针织上衣绝对是一年
四季的主角。宽松款
式的针织套头衫遵从
上松下紧的原则，搭
配一条黑色包臀开叉
长裙，相当有女人
味。如果外出游玩穿
高跟鞋走路太累，也
可以穿一双厚底的渔
夫鞋，一点都不违和。

上衣/ 淘宝
裙子/ 淘宝
鞋子/ Chanel
包包/ Celine
墨镜/ Gentle Monster

色彩搭配

搭配建议

宽松的上衣设计适合上身有点肉的女生，不光完美地遮住小肚腩，蝙蝠袖的款式也能很好地遮盖手臂赘肉。另外很多女生都有假胯宽的烦恼，这身搭配的铅笔裙虽然长度可以遮住小肉腿，但由于胯部是直线设计，所以胯部如果凸出的话穿出来的效果就不会很好，比较适合大腿粗的妹子。

Taobao

Taobao

Celine

GentleMonster

Chanel

STELLA的时尚单品搭配小秘诀　　**007**

基础款黑色长袖T恤

黑色长袖T恤
+
长款腰带格子裙

基础款黑色长袖T恤一般作为内搭出现，但偶尔也可以外穿，比如搭配一条长款腰带格子裙，苏格兰风情扑面而来，黑色上衣对应格子裙中的深色部分，鞋子和包包则对应了红色格子，简简单单的搭配也让你充满英伦气质。

搭配建议

黑色基础款T恤本来就有非常显著的瘦身效果，高腰的长裙配上宽腰带的扎紧效果让你的腰身变得更纤细，即便你是梨形身材也可以很好地将小肉腿藏起来，苏格兰格子元素让单调的黑色变得层次丰富。

色彩搭配

上衣/ 淘宝
裙子/ Zara
鞋子/ Valentino
包包/ Celine

Taobao

Zara

Celine

Gentle Monster

Valentino

2 黑色T恤显瘦穿法

T恤搭配包臀裙

黑色T恤
+
墨绿色工装裙

现在越来越流行T恤搭配包臀裙的穿法，比如黑色T恤系在这条墨绿色工装裙里既有休闲范，又有商务范，并且显得腰特别细，黑色高跟鞋+黑色格纹包都与黑色T恤相衬，包包手柄上的丝巾颜色也与工装裙呼应。

Breguet

Zara

Peace Bird

Chanel

Jimmy choo

Gucci

搭配建议

想要让腰部更纤细，一定要尝试这种高腰裙子的款式，尤其在腰部有宽版腰带的，扎紧后更有收腰效果，与此同时拉长腿部线条，腰以下全部是腿的效果哦。

色彩搭配

上衣/ Zara
裙子/ Peace Bird
鞋子/ Jimmy Choo
包包/ Chanel

基础款黑色T恤在领口上做了特别的金边和白边的粗花呢设计，这样省去了戴项链的烦恼。A字工装裙修饰腰部线条，黑色尖头浅口鞋也与T恤色彩相同，拿上橙色包包更跳跃活泼了。

色彩搭配

搭配建议

简洁的黑色T恤稍加一点装饰就不会有单调的感觉，相比宽松的款式，修身T恤更能展示身材，下身胯部较大的妹子选择一条A字形裙子都会有很好的效果，年轻活力有朝气。

上衣/ Chanel
裙子/ Kitsune Maison
鞋子/ Valentino
包包/ Hermes

Chanel

LV

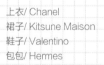

Hermes
kelly 32

Kistune
Masion

Valentino

简单款式的
黑色T恤

黑色T恤
+
高腰长裙

简单款式的黑色T恤穿在高腰长裙里面，显得腿更长，开叉的牛仔裙设计让休闲感里充满了一点点小性感。

Zara

Hermes

Zara

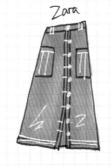

色彩搭配

上衣/ Zara
裙子/ Zara
鞋子/ Chanel
包包/ Celine

Chanel

Bvlgari

搭配建议

万能的牛仔材质经久不衰，每年流行趋势里都有牛仔的身影，长裙和普通款黑色T恤也是绝佳组合，合身的长裙会更显女人味，纽扣可开可扣，变化多端让搭配更有俏皮感。

Celine

胸口有口袋
的黑色T恤

黑色T恤
+
牛仔系带纽扣A字裙

胸口有口袋的黑色T恤, 卷边
设计比较有时尚感, 配一条
牛仔系带纽扣A字裙很显淑女
气质, 头上绑上一根蓝色发
带, 又增添了许多少女气质。

色彩搭配

搭配建议

百搭的黑色和任意颜色搭配都能有
非常好的效果，这次选择牛仔蓝特别
适合夏天，合身T恤扎在伞裙里不仅
提高腰线，也能完美遮蔽粗壮的下
半身，衣服细节上的特别处理让
你变身精致小美女。

Zara

Taobao

Hermes

Taobao

Dior

Chanel

miumiu

Valentino

上衣/ Zara
裙子/ 淘宝
发带/ 淘宝
鞋子/ Valentino
包包/ Dior

3

OVERSIZE的针织衫更有女人味

Oversize 的透薄针织衫

透薄针织衫
+
紧身牛仔裤

Oversize的透薄针织衫可以当作斜肩款来穿，里面搭配一件同色吊带或背心，露出一根肩带，这样既不显得过分暴露，还有一点小性感，朋克风的手环让全身搭配相当有亮点，铆钉鞋和手环也是同款风格，选择紧身牛仔裤更有曲线，选择女人味的包包让整体风格显得粗狂又温柔。

搭配建议

宽松针织衫也有小性感的穿法，叠穿增加层次感，小小的露肩也不会过分暴露，另外，通过紫色配饰提升整体色彩，拍照也更上镜。

Dior

Taobao

Pull & Bear

LV

MCQueen

色彩搭配

上衣/ 淘宝
裤子/ Pull & Bear
鞋子/ LV
耳环/ Dior
围巾/ MCQueen

不规则宽大
针织外套

不规则宽大针织外套
+
中间开叉黑色连衣裙

不规则的宽大针织外套，银丝镂空的样式让整体搭配显得更灵动，无论搭配裙装还是裤装都有不同味道，选择一件中间开叉的黑色连衣裙和一双同色系休闲十足的渔夫鞋，女人味中夹杂着随性的风格，包包选用跳跃的蓝色就很活泼。

搭配建议

通过不规则的针织外套来增加层次感，衣摆的不规则和全身镂空设计颇具亮点，尝试搭配裙子更有女人味，可以选择黑色长裙来遮盖一下小粗腿。

色彩搭配

外套/ Armani
连衣裙/ 淘宝
鞋子/ Chanel
包包/ Dior
项链/ VCA

Taobao

VCA

Dior

Armani

Chanel

不规则针织外套
+
紧身小脚裤

银丝镂空，宽大不规则的针织外套，搭配裤装的感觉相当帅气，不规则长前摆可以遮住不太完美的腿部曲线，千万别担心腿粗驾驭不了紧身小脚裤，上松下紧的搭配原则会让腿显得更纤细，不喜欢穿高跟鞋的你，也可以选择一双金属扣平底鞋，把包包斜着背就能美美地出去玩耍啦。

Taobao

Armani

Pull & Bear

Chanel

RogerVivier

搭配建议

宽松的针织衫能很好地修饰身材缺点，例如大腿比较丰满的妹子，就可以借助长款款式遮一下，不建议搭配深蓝色牛仔裤，这样会从视觉上对腿部有膨胀，炭灰色牛仔裤是最佳选择，带有一点点破洞的设计更流行。

色彩搭配

外套/ Armani
内搭/ 淘宝
裤子/ Pull & Bear
包包/ Chanel
鞋子/ Roger Vivier

春秋很温暖的驼色

蝙蝠袖略带斗篷款式
的宽松针织衫
+
黑色短裙

春秋很温暖的驼色，蝙蝠袖略带斗篷款式的宽松针织衫很不错。内搭一件条纹款式的中袖T恤，用黑色短裙修饰条纹繁复的元素，和黑色短靴呼应，上松下紧的完美穿搭法则。

搭配建议

穿上驼色后的你更显温柔，这类镂空编织法的外套能驾驭很多场合，休闲出行或是日常上班都是很好的选择，宽大的外套也很显瘦。

色彩搭配

外套/ Zara
内搭/ Massimo Dutti
裙子/ Zara
鞋子/ Guidi

Massimo Dutti

Zara

Zara

Guidi

宽松款式的针织外套

针织外套
+
墨绿色内搭和黑色
开叉长裙

这件宽松款式的针织外套百搭又不过时。墨绿色内搭和黑色开叉长裙颜色略有单调，但配上Oversize闪银材质的针织衫一下就非常亮眼，整体宽松的质感让你看上去很显瘦。

一件宽松的针织外套可以HOLD住各种内搭，例如这件蝙蝠袖内搭，由于袖子也是宽大设计，那就更需要外套也松一些，外套纽扣不需要系上，敞开的穿法更显瘦，再配上很有女人味包臀开叉裙，出去约会也能美美哒。

COS

Celine

Zara

Taobao

Chanel

色彩搭配

外套/ Zara
内搭/ COS
裙子/ 淘宝
鞋子/ Chanel
包包/ Celine

格子元素的长裙穿出浓浓英伦风。用格子裙底色里的黑色来作主色调，宽松的针织毛衣不仅显瘦，长长的袖管让男朋友很有保护欲。黑色小皮靴延伸了主色调，再搭配红色小包包很有活泼的感觉。

格子元素的长裙

宽松的针织毛衣
+
格子元素的长裙

Zara

搭配建议

红色和黑色配搭绝对不会出错，大面积黑色中采用零星几点红色作为点缀，黑色内搭和黑色毛衣配上黑底红色格子裙。这套搭配适合于各种身材，即便有"拜拜肉"或者腿粗都没关系，黑色显瘦，伞裙遮肉。

Zara

Taobao

色彩搭配

Guidi

外套/ Zara
裙子/ Zara
鞋子/ Guidi
包包/ Celine

Celine

4

白色T恤的3种搭配

普通的白色T恤

白色T恤
+
格子裙

普通的白色T恤搭配格子裙有种清新的田园风，系带蝴蝶结款式的格子裙拉高腰身线条，看上去胸以下全是腿，白色T恤与裙上的白色格子对应，搭配黑色平底鞋刚刚好。

搭配建议

白色T恤和黑色T恤都是衣橱里的必备单品，百搭的颜色配上任何一件下装都有不同的效果，这次穿上经典格子裙，你一定是人群中最小清新的美女。

色彩搭配

Taobao

Topshop

GentleMonster

RogerVivier

LV

上衣/ Topshop
裙子/ 淘宝
鞋子/ Roger Vivier
包包/ LV

卷边白色
T恤

白色T恤
+
牛仔伞裙

Taobao

LV

搭配建议

牛仔伞裙和不同的上衣搭配都有
不一样的感觉，和白色T恤配在一
起不仅遮住肉肉的大腿而且让你
减龄至少5岁。上衣一定要穿在
裙子里面，这样看上去腿更长。

色彩搭配

上衣/ Topshop
裙子/ Maje
鞋子/ Valentino
包包/ LV
发带/ 淘宝

Topshop

Maje

LV

白色T恤搭配牛仔裙一直

都是青春的象征，卷边

白色T恤又多了几分随性

的活泼，牛仔伞裙的长

度到膝盖刚好，一根蝴

蝶结的发带让你更可爱。

Valentino

卷边白色T恤

白色T恤
+
简洁的黑色牛仔短裙

同一件白色T恤搭配不同款式的牛仔裙效果又不同了，简洁的黑色牛仔短裙让整套搭配很干练，墨镜作为配饰挂在胸前中和了过白的上衣，粗犷的手环增添了搭配亮点。

搭配建议

黑白经典搭配永远不会出错，白色T恤搭配迷你牛仔裙非常可爱。黑色牛仔裙选择长度40厘米以内，矮个子女生穿上就有显腿长的效果。为了点缀黑白两色，背上一个黄色系的包包就更俏皮了。

色彩搭配

上衣/ Topshop
裙子/ Zara
鞋子/ Valentino
包包/ LV

Miumiu

LV

Topshop

Hermes

Zara

Valentino

5 牛仔衣的N种混搭

春秋牛仔衣款式

牛仔衣
+
小碎花连衣裙

牛仔衣是春秋最常见的搭配款式，这套全蓝色的搭配让人感觉特别海洋清新，小碎花连衣裙穿在硬朗的牛仔外套里显得特别柔美。袜靴也是近两年相当流行的款式，粗跟的设计即便是高跟走起路来也不脚疼，脖子上系一根蓝色牛仔丝巾就有了CHOCKER的效果，最后把外套袖口卷起你就是时尚达人。

色彩搭配

采用几乎全蓝的配色方式，将
牛仔元素运用到细节中，牛仔
外套与连衣裙的硬柔搭配十分
合适，牛仔丝巾与牛仔衣
呼应。

Mango

Guess

Chanel

Dior

Tiffany

Celine

Zara

牛仔衣/ Guess
连衣裙/ Mango
鞋子/ Zara
丝巾/ Celine
耳钉/ Chanel
手镯/ Tiffany
包包/ Dior

深蓝色牛仔衬衣

牛仔衬衣
+
亮片针织外套和墨绿色工装裙

深蓝色牛仔衬衣是我很喜欢的单品，外出的时候披上一件亮片针织外套特别闪。牛仔衬衣口袋上的设计和墨绿色工装裙上的口袋相呼应，帅气干练的风格显得人格外精神。虽说红绿搭配是禁忌，但尖头铆钉鞋修饰腿部线条，让腿变得更长，跳跃的红色又让整体搭配显得很特别。

Muji

Zara

色彩搭配

外套/ Zara
衬衫/ Muji
裙子/ Kistune Maison
包包/ Chanel
手环/ Hermes
鞋子/ Valentino
耳钉/ Chanel

Chanel

Kistune Masion

Hermes

Valentino

Chanel

搭配建议

全身的搭配原则基本不超过3个颜色。蓝色和墨绿搭配会让颜色太深沉，用一件银色针织外套来中和，提亮搭配色彩就会好很多。

紧身针织长款连衣裙

长款连衣裙
+
牛仔外套

紧身针织长款连衣裙对身材要求比较高，首先不能有小肚子，其次臀部也不能太扁。焦糖色特别适合秋天，配上红色金属扣平底单鞋相当衬，牛仔外套选择短款的，显得腿更长，挽起袖口戴上夸张的朋克风手环，配饰加分，橙红色包包把连衣裙和鞋子的颜色聚集在一起。

搭配建议

焦糖色系的内搭和同款暖色包包都让偏冷色的牛仔外套更温暖，紧身的内搭连衣裙很显身材，用硬朗的牛仔外套可以增添一份干练。

色彩搭配

外套/ Guess
连衣裙/ 淘宝
手环/ Hermes
鞋子/ Roger Vivier
包包/ Hermes

Guess

Hermes

Hermes

Taobao

Roger Vivier

外套架在肩膀上的穿法

长袖针织衫
+
工装裙

这是一套相当帅气的搭配，现在流行外套架在肩膀上的穿法，内搭的长袖针织衫一直都是走军装帅气路线，大大的金属纽扣和工装裙上的纽扣非常搭调，黑色金属扣手环和呼应了整体风格，金属的元素同样贯穿到鞋子和耳钉，这时拿一只小小的长肩带背包就显得十分灵动。

搭配建议

这三个颜色配在一起相当沉稳，内搭的薄针织衫和牛仔外套是相同的干练风格，军装元素的点缀很显精神，纽扣之间的呼应也十分协调。

色彩搭配

外套/ Guess
内搭/ Balmain
裙子/ Kistune Masion
手环/ Hermes
包包/ Hermes
鞋子/ Roger Vivier
耳钉/ Chanel

Kistune Masion

Guess

Balmain

Hermes

Hermes mini kelly

Roger Vivier

柔美的海军风伞裙和牛仔衣也是相当不错的搭配。一件简单的纯色T恤穿在里面，高腰伞裙显得腿特别修长，又能遮住不太完美的小粗腿。喜欢平底鞋的你可以选择一双尖头鞋，也可以穿一双高跟鞋。外套架在肩膀上的穿法很有气场，金属扣朋克手环即便在脱去外套的时候，全身搭配也是一个亮点。

Chanel

Guess

Hermes

Hermes

chanel

Uniqlo

Zara

Valentino

色彩搭配

搭配建议

蓝白横条纹的海军风伞裙是整套服饰的搭配亮点，牛仔衣呼应蓝色条纹，黑色内搭中和浅色裙子，红色平底鞋作为点缀，款式虽然简洁但一身搭配相当有气质。

外套/ Guess
内搭/ Zara
裙子/ Uniqlo
手环/ Hermes
鞋子/ Valentino
包包/ Chanel
耳钉/ Chanel

6 黑色小脚裤就是如此百搭

万能的黑色小脚裤

黑白条纹海军衫
+
黑色小脚裤

万能的黑色小脚裤和黑白条纹海军衫配在一起很协调，秋冬季节感到冷，外面再加一件宽大驼色针织外套，鞋子穿了这两年流行的毛毛拖鞋款式，显得十分温暖。

搭配建议

温暖的驼色镂空针织外套十分柔和，内搭黑白条纹T恤虽然会有横向拉伸人比例的问题，但是用驼色外套遮挡就不会显胖，且更富有层次感，黑色小脚裤也显腿细。

色彩搭配

外套/ Zara
内搭/ Massimo Dutti
裤子/ Pull & Bear
鞋子/ Gucci

Zara

MassimoDutti

Pull & Bear

LV

Gucci

宽松立领
设计的蓝色
格子衬衫

蓝色格子衬衫
+
深蓝色牛仔小脚裤

宽松立领设计的蓝色格子衬衫，娃娃款式的造型十分可爱，任意搭配都能有不错的效果，穿上深蓝色牛仔小脚裤也是不错的选择，上松下紧的穿衣原则，秒变小鸟腿啦~搭配水蓝色的手提包又是一抹小清新。

Isabel Marant

Taobao

搭配建议

田园风的蓝白格子衬衫打造小清新既视感，格子一定要选择细小的款式，如果大格子就没有效果了，搭配同色系牛仔裤和灰色包包让整体色彩搭配十分协调。

Hermes

LV

VCA

色彩搭配

衬衣/ Isabel Marant
裤子/ 淘宝
鞋子/ LV
包包/ Hermes

在秋冬搭配中黑色小脚裤扮演着重要的角色，无论什么类型的场合都能HOLD住，在日常休闲装扮中，黑色百搭的特点加上紧身线条的修饰感极强，搭配宽松针织外套和宽松T恤特别显腿细，短靴又让搭配增加了几分帅气。

宽松针织外套和宽松恤
+
黑色小脚裤

搭配建议

墨绿色和黑色可以温柔也可以英气，裤装和靴子让整套搭配显得英气十足，秋天夜晚较凉，外搭一件中灰色长款针织衫，保暖又好看。

Zara

COS

Guidi

色彩搭配

Mango

外套/ Mango
内搭/ COS
裤子/ Zara
鞋子/ Guidi

削肩款式的棉麻上衣

棉麻上衣
+
紧身小脚裤

Taobao

Mango

Dior

Piaget

Vancleef & Arpels

Chanel

LV

Jimmy Choo

色彩搭配

上衣/ Mango
裤子/ 淘宝
鞋子/ Jimmy Choo
包包/ Dior

削肩款式的棉麻上
衣，宽竖条纹设计相
当别致，露出漂亮的
锁骨和肩膀就是全场
亮点，相对宽松的上
衣搭配紧身小脚裤，
再配上高跟鞋十分优
雅，走在人群里充满
气场。

搭配建议

蓝白色宽竖纹有显瘦效
果，夏天穿这样的配色很清
凉，搭配同色系的牛仔小脚
裤视觉显瘦+1，黑色高跟鞋
又能稳住蓝白色，将腿长再
拉伸7厘米。

灰色宽松牛仔外套配上黑色小脚裤非常干练帅气，内搭一件
同样Oversize的T恤，稍长一些可以遮住臀部胯部较大的缺点，
包身小脚裤和豆豆平底鞋配在一起相当舒适。

色彩搭配

Pull & Bear

Balenciaga

外套/ Balenciaga
裤子/ Pull & Bear
鞋子/ LV
包包/ Hermes

Taobao

Hermes
Mini kelly

LV

搭配建议

黑灰色是最简单的搭配，宽松牛仔外
套背后的字母很潮，越是花样繁复的上
衣款式，越要搭配简洁的下装，黑色小脚
裤特别显瘦，鞋子也可以选择女性化的
豆豆鞋，也可以穿一双运动鞋，不过
我选择了温柔的豆豆鞋。

7

穿好伞裙你也是奥黛丽·赫本

伞裙

无袖的棉麻上衣
+
伞裙

穿上伞裙你也是优雅柔美的女生，藏青色和驼色的搭配简洁明朗，无袖的棉麻上衣在夏天穿也不觉得热，腰带的设计让你的腰线提高，个子不高的女生穿上纯色高跟鞋后，显得腿更长，腰以下全都是腿！珍珠长项链让全身焦点都放在了上半身，一只女人味十足的手腕包最适合不过了。

搭配建议

在日系时尚杂志中我们总是会见到长款伞裙的身影，简单款式的上衣搭配伞裙穿上高跟鞋就能变得温柔优雅，这套搭配的主要色彩为藏青色和驼色，再以配饰和细节的点缀就让单品立刻鲜活了。

色彩搭配

上衣/ Beauty & Youth
伞裙/ 淘宝
手环/ Hermes
鞋子/ Jimmy Choo
项链/ Chanel
包包/ Chanel
耳钉/ Dior

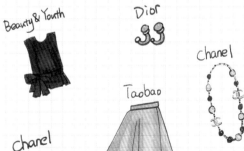

Beauty & Youth

Dior

Chanel

Taobao

Chanel

Hermes

JimmyChoo

浅蓝色
横条纹伞裙

纯色T恤
+
横条纹伞裙

浅蓝色横条纹伞裙配上纯色T恤十分清爽，走在外面觉得冷了可以加一件针织外套，比如这件亮片款式，虽然是多年前买的，但也没有过时的感觉。伞裙和针织衫让搭配显得"软妹子"十足，包包手柄上系一根蓝绿色丝巾与整体灰蓝步调一致，红色尖头鞋也让搭配更亮眼。

搭配建议

普通款式的针织衫和伞裙搭配女人味十足，这件带有银色珠片的开衫既能穿去上班，下班后也能美美地去参加约会。黑色内搭T恤富有休闲感，蓝白条纹伞裙的优雅和休闲感混搭。

色彩搭配

外套/ Zara
内搭/ Zara
伞裙/ Uniqlo
手环/ Hermes
鞋子/ Valentino
项链/ Hermes
耳钉/ Chanel

Zara

Uniqlo

Zara

Hermes

Hermes

Chanel

Chanel

Valentino

牛仔伞裙

套

斜肩条纹T恤
+
牛仔伞裙

牛仔伞裙怎么穿都会觉得很活泼，休闲和淑女风都能驾驭，斜肩条纹T恤就能让搭配变得很俏皮，红色儿童款式墨镜+包包手柄红色系带丝巾+红色方扣圆头鞋点亮了整套服装。

Disney

Taobao

Dior

Maje

RogerVivier

搭配建议

一套可以出去游玩的搭配，黑白休闲一字领T恤可以穿出斜肩款式，也可采用比较保守的穿法。高腰牛仔伞裙搭配这类休闲型的上衣会变得很俏皮，瞬间有了少女的气质，红色配饰点亮了单调的色彩。

色彩搭配

上衣/ 淘宝
伞裙/ Maje
鞋子/ Roger Vivier
包包/ Dior
墨镜/ Disney

牛仔衬衣既能休闲也能优雅，搭配一条浅蓝色条纹伞裙，瞬间变成优雅小淑女。胸前别上一个胸针，所有焦点都聚焦在上半身，就算穿平底鞋也不会觉得矮，包包搭配了同色的款式，鞋子是比较跳跃的红色，相当活泼。

色彩搭配

搭配建议

选择深蓝的百搭牛仔衬衣单品和浅蓝白色的伞裙，平日上班穿着很有职业感，红色的鞋子和整体蓝色搭配形成撞色的视觉冲击，蓝色包包也与全身色彩相呼应。

上衣/ Muji
伞裙/ Uniqlo
包包/ Dior
鞋子/ Valentino

Dior

Muji

Chanel

Unicolo

chanel

Valentino

伞裙不仅让你变身优雅淑女，还能遮盖过于粗壮的下身。比如通勤时我们都要穿衬衫和裙子，有些包臀裙反而暴露缺点，我们就可以选择长款的A字伞裙搭配，蓝色竖条纹和驼色相当衬，借助高跟鞋让你的身高不再是缺点。

灰蓝色细条纹的衬衫

条纹衬衫
+
伞裙

色彩搭配

Taobao

Dior

衬衫/ 淘宝
裙子/ 淘宝
鞋子/ Stella Luna
包包/ Dior
手表/ Breguet
耳钉/ Chanel

Taobao

Breguet

StellaLuna

Chanel

搭配建议

灰蓝色细条纹的衬衫有显瘦的效果，尤其要选择衬衫领比较大的款式，很好地打造大V字领的感觉，这样就会瘦脸哦。中和的驼色和同色系高跟鞋更显腿长，这双高跟鞋也买了快10年了，但现在拿出来穿居然也不过时。

高腰的百褶伞裙

棕色针织衫
+
百褶伞裙

高腰伞裙本来就显腿长，加上腰封的设计让你变身"小腰精"！百褶的款式让你优雅感倍增，紧身的棕色针织衫凸显好身段，高跟鞋的加持更有气质哦。

搭配建议

适合秋冬的整身色彩，秋天可以单穿，冬天也能作为内搭。棕色竖条纹的针织衫采用修身款式，高腰的百褶伞裙在腰间添加小·细节就能瞬间与众不同，搭配同色系的复古小·箱子包包，既能当作手包也可以单肩背。

色彩搭配

上衣/ 淘宝
裙子/ 淘宝
鞋子/ Jimmy Choo
包包/ LV

Taobao

LV

Taobao

Jimmy Choo

8 高腰裙显腿长的秘籍

插肩款式的T恤

T恤
+
米色高腰裙

整套搭配以红色和浅米色为主，红色插肩大LOGO T恤特别有岛国风情，也很适合夏天，米色高腰裙拉长腿部线条，清爽的颜色配上金属扣和大口袋很实用，手机也可以随时放在口袋里解放双手，红色包包还有白色珍珠小红鞋与整体搭配颜色协调，夏日炎炎出门在外当然也少不了墨镜，圆形复古的最合适了。

搭配建议

插肩款式的T恤特别有运动休闲感，而且很容易在肩膀和袖子的部分出彩，如果你不喜欢大面积红色，可以尝试这类型的设计，局部红色和胸前花纹俏皮活泼，T恤塞在高腰的半身裙里将腰线提升就有腿长效果啦。

色彩搭配

T恤/ Chanel
裙子/ Peace Bird
鞋子/ Gucci
包包/ Celine
墨镜/ Miu miu

Chanel

Peace Bird

Miumiu

Celine

Gucci

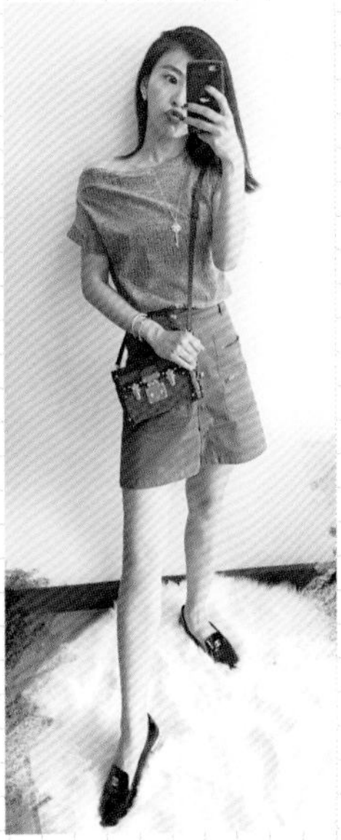

条纹墨绿色的一套高腰工装裙不仅显腿长，多口袋的设计还特别实用，虽然背的小包不够放零散物件，也都可以塞进裙子口袋中，近年流行的复古乐福鞋让你更时髦，斜肩的条纹T恤也能拉长颈部线条。

黑白斜纹的T恤

黑白斜纹的T恤
+
高腰工装裙

搭配建议

这件黑白斜纹的T恤搭配任意各类裙子都有意想不到的效果，当搭配高腰墨绿半身裙后线条感更好了，长款项链也将所有亮点集中在上半身，打造长腿是不是很简单？

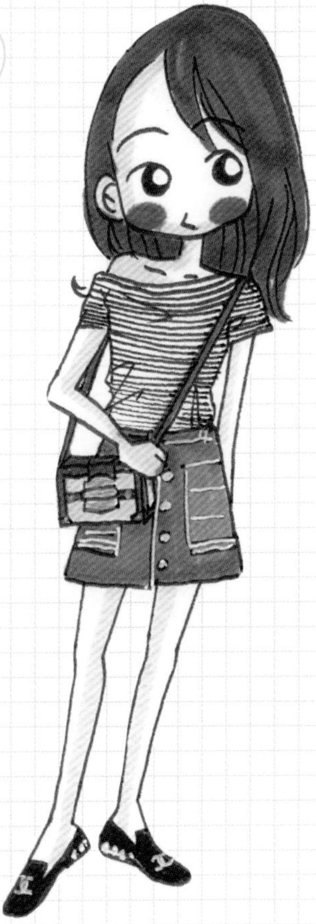

色彩搭配

T恤/ 淘宝
裙子/ Kistune Maison
鞋子/ Chanel
包包/ LV

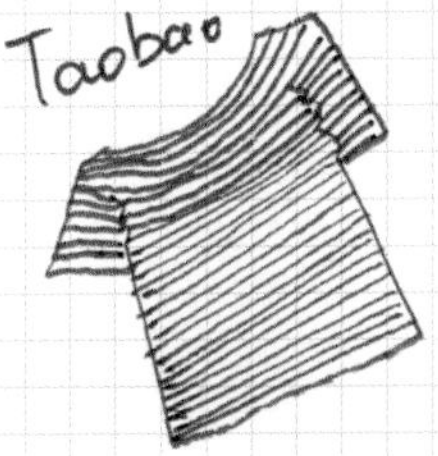
Taobao

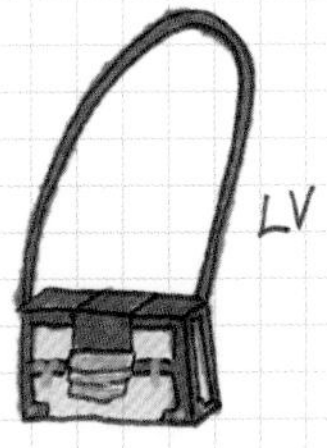
LV

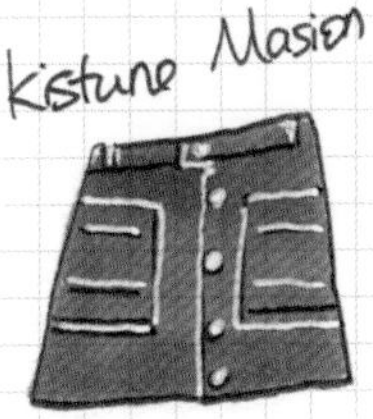
Kistune Masion

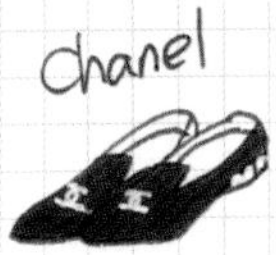
Chanel

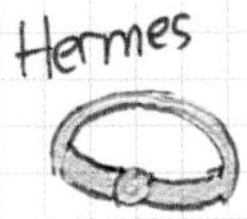
Hermes

潮牌灰色 T恤

灰色T恤
+
高腰裙

外出休闲的一身搭配，内搭一件灰色百搭T恤，穿上焦糖色高腰裙秒变大长腿，流行的纽扣设计也很显年轻，外套当然还是一如既往地挽起袖管会比较好看，提升整体腰线是重点。搭配的包包颜色与裙子一致，一双厚底渔夫鞋使得身高噌噌往上长。

Guess

CDG PLAY

色彩搭配

T恤/ CDG PLAY
裙子/ Maje
外套/ Guess
包包/ LV
鞋子/ LV

Maje

LV

LV

搭配建议

大长腿既视感也可以通过层次搭配来体现，一件潮牌灰色T穿在高腰裙里面，外面搭配长过T恤的硬朗感牛仔外套，这样就缔造了长短层次，高腰裙拉高腰线以后，穿一双厚底的渔夫鞋视觉感又能增高3厘米。

紧身纹理咖啡色针织上衣

咖啡色针织上衣
+
高腰墨绿色皮裙

紧身纹理质感的咖啡色针织上衣搭配高腰墨绿色皮裙，气场迅速提升。高腰款式的铅笔裙不仅修饰身材曲线，穿上高跟鞋视觉上腿长又增加几厘米。

搭配建议

高腰裙有很多种款式，之前搭配了几种短款A字裙，也可以尝试下高腰皮质裹身铅笔裙，皮质裙很有性感范儿，也能凸出腿长的优点，穿搭出彩就能在办公室里引起注目哦，棕色和墨绿色都属于暖色系，这时需要一个绿色系包包让搭配更协调。

Zara

Hermes

Taobao

JimmyChoo

色彩搭配

上衣/ 淘宝
裙子/ Zara
鞋子/ Jimmy Choo
包包/ Hermes

宽大设计的
毛衣外套

黑色外套
+
黑色牛仔裙

宽大设计的毛衣外套也有修饰体型的效果，黑色外套和黑色牛仔裙十分百搭，可以将灰色内搭T恤塞在高腰裙里，腿长原来那么容易。

搭配建议

黑灰色虽然比较简单，但仔细去研究欧美街拍，你会发现很多明星都使用简单的色彩去做到搭配的平衡，外搭黑色毛衣，内搭灰色T恤，下身炭黑色牛仔裙，穿上黑灰色的渔夫鞋，就连包包都背上了灰色，层层呼应和对比，也很不错。

色彩搭配

外套/ Zara
裙子/ Zara
内搭/ 淘宝
鞋子/ Chanel
包包/ Hermes

这些颜色
让你秒变
女神

1 酒红色让你更显白

卷边酒红色T恤

酒红色上衣
+
田园风的黑白格子裙

酒红色上衣让你的气色变得更好，搭配田园风的黑白格子裙，有种置身于农庄的感觉，红色珍珠平底鞋对应了红与白两个颜色，走在街上回头率应该很高。

搭配建议

这件卷边酒红色T恤的面料十分亲肤，不是那种粗糙的棉，所以穿在身上有丝光质感，把酒红色衬托的更高级，经典黑白格子裙在细节处也增添了一分可爱，红色的包包与鞋子搭配在一起整体更显白。

Taobao

Celine

Taobao

Hermes

色彩搭配

上衣/ 淘宝
裙子/ 淘宝
鞋子/ Gucci
包包/ Celine

Gucci

红色竖条纹的浴袍式连衣裙

竖条纹的连衣裙
+
高跟鞋及手表

竖条纹的连衣裙你见过很多，酒红色竖条纹的肯定不多见，这件浴袍款的连衣裙完美遮住肚子上的肉肉，用蝴蝶结系带方式凸显腰身，最重要的是红色让你显得特别干练有精神，鞋子与裙子也是同色的。

搭配建议

红色竖条纹的浴袍式连衣裙穿得好看，且很有气场，类似大牌诸如DVF的一片式设计，衬衫领很有办公室OL风格，搭配同色系的高跟鞋立刻增高7厘米，手表及配饰都选择了单品来衬托整套搭配。

Chanel

Breguet

roger vivier

Chanel

Hermes

Sandro

色彩搭配

裙子/ Sandro
鞋子/ Roger Vivier
包包/ Chanel
手表/ Breguet
耳钉/ Chanel

酒红色T恤

酒红色T恤
+
黑色牛仔小短裙

酒红色T恤和黑色牛仔小短裙也是很好的组合，红黑也一直都是经典配，浓重的红色和深沉的黑色让色彩更有层次感，墨镜还是作为配饰挂在领口，时髦翻翻~

Taobao

Miumiu

搭配建议

酒红和黑色绝对是好朋友颜色，怎么搭配都不出错，卷边的T恤更有动感，牛仔裙里提升腰线更显腿长，搭配全黑色铆钉鞋更沉稳，选择亮黄色的俏皮小包也有减龄效果哦。

Zara

Hermes

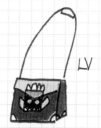
LV

Valentino

色彩搭配

上衣/ 淘宝
裙子/ Zara
鞋子/ Valentino
墨镜/ Miu miu

姜黄色居然也能穿得很好看

姜黄色的短款上衣

姜黄色棉麻无袖上衣
+
黑色牛仔短裙

款式别致的姜黄色棉麻无袖上衣，胸前纽结的设计让"飞机场"的你不再尴尬，长度刚好搭配一条黑色牛仔短裙，整套颜色以黄色为主，配一个橙红色包包相当适合。

Hermes CDC

Taobao

Hermes

Zara

Hermes

RogerVivier

Dior

搭配建议

姜黄色的短款上衣通过不一样的材质和设计显得更与众不同，姜黄色和黑色的搭配形成强烈的视觉冲击，同时又用相近的橙色包包中和了色彩的差异，配饰和鞋子都选择了有金属配件的单品，更有气场。

色彩搭配

上衣/ 淘宝
裙子/ Zara
鞋子/ Roger Vivier
包包/ Hermes
手环/ Hermes

V字领宽松短袖式连衣裙, 单穿可能会有点像睡衣, 但全副武装以后也可以美美地出去郊游啦, 黄色和红色这样完美的组合看着特别明朗, 红色鞋子+红色包包+红色墨镜和姜黄色连衣裙形成强烈对比, 夸张的朋克手环一直都是我的最爱, 当然不能缺少它。

姜黄色连衣裙
+
鞋子、包包和墨镜

Disney

Celine

色彩搭配

Hermes

Hermes

裙子/ Zara
包包/ Celine
鞋子/ Roger Vivier
手环/ Hermes
墨镜/ Disney

Zara

Roger Vivier

搭配建议

记得大家很喜欢开玩笑说红黄色搭配像"番茄炒蛋", 搭配得体的话也还是有一股小小的清新风, 服饰以建黄色为主, 配饰鞋履用红色作为辅助就有提亮肤色的作用, 色彩选择一定要勇于大胆。

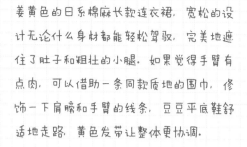

姜黄色的日系棉麻长款连衣裙

棉麻质感长连衣裙
+
豆豆平底鞋

姜黄色的日系棉麻长款连衣裙，宽松的设计无论什么身材都能轻松驾驭，完美地遮住了肚子和粗壮的小腿。如果觉得手臂有点肉，可以借助一条同款质地的围巾，修饰一下肩膀和手臂的线条。豆豆平底鞋舒适地走路，黄色发带让整体更协调。

搭配建议

日本森女风的棉麻质感长连衣裙，让姜黄色变得很有文艺气质，整体以宽松舒适为主，根本不担心身材问题，就算孕妇也可以穿，怕冷的话可以搭配一条围巾，灰色和黑白条纹均可，这里我选择了黑白条纹，鞋子穿了近似于黑色的深红色与围巾搭调，包包则拿了颜色对比强烈的蓝色来突出整体效果。

色彩搭配

连衣裙/ 淘宝
围巾/ Mango
鞋子/ LV
包包/ Dior

Mango

Taobao

Dior

Miumiu

LV

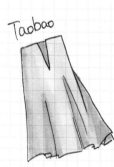

3 黄皮肤就不能穿紫色吗

紫色毛衣

紫色毛衣
+
灰色针织长裙

虽说紫色很挑人，但穿对款式就不会很突兀，内搭选择灰色高领T恤更保暖，下身的灰色针织裙十分厚实，秋冬穿着可以多加一条裤袜，这样穿更显紫色毛衣的高贵气质，与此同时灰色的包包和内搭裙子相呼应，一双金属LOGO的尖头鞋更显腿长。

色彩搭配

搭配建议

偏灰的紫色不但不显黄，还有显著提亮肤色的效果，紫色和灰色的层次感搭配也是显白的重要因素，内搭灰色T恤，下身穿着灰色针织长裙，选择灰色包包后色彩更柔和，紫色毛衣也温柔得恰到好处。

Taobao

Taobao

Taobao

Hermes

Balenciaga

| 上衣/ 淘宝 |
| 外套/ 淘宝 |
| 裙子/ 淘宝 |
| 鞋子/ Balenciaga |
| 包包/ Hermes |

修身款式的
紫色长袖
T恤

紫色上衣
+
田园风的格子裙

Taobao

Bvlgari

Hermes

Hermes

Taobao

Valentino

这件紫色上衣可以有斜肩的穿法，露出一点点肩膀，配上田园风的格子裙，紧身T恤外扎一个大大的蝴蝶结，款式特别，腰也显得很细，搭配平底鞋就够了。

搭配建议

修身款式的紫色长袖T恤搭配一条经典黑白格子裙，秒变文艺小清新妹子，选择同样紫红色系的平底鞋，上下配色也更协调，灰色包包中和黑白色的对比。

色彩搭配

上衣/ 淘宝
裙子/ 淘宝
鞋子/ Valentino
项链/ Hermes
耳钉/ Bvlgari

圆领玫红色
宽松毛衣+
卡其裙

玫红色毛衣
+
靴子、包包

色彩搭配

毛衣/ ACNE
裙子/ Maje
靴子/ 淘宝
包包/ LV
耳钉/ 淘宝

初冬穿着紫色宽松的男友范毛衣，里面加件打底内衣就会很保暖。近年流行的过膝靴也是不错的搭配选择，皮质过膝靴不仅保护膝盖也显得腿很细长，焦糖色和紫色结合在一起相当的柔和温暖。

ACNE

Taobao

Maje

LV

搭配建议

该品牌的OVERSIZE圆领毛衣是近年特别流行的款式，一般大家都会选择马卡龙冰淇淋的温暖色，这次我选择挑战一下紫色，效果居然还不错，紫红色比紫色更温暖，所以搭配了焦糖色的半裙让温暖感加倍，一双黑色过膝长靴在柔和中添加了帅气，很酷。

Taobao

4

极具气质的墨绿色可以这样穿

军装风外套配工装裙

军装风外套
+
工装裙

墨绿色军装风外套配工装裙，帅气得不行！由于外套有一定厚度，所以内搭选择了轻薄款式，金色亮丝背心就很合适，觉得整套颜色太单调可以选择穿一双红色平底鞋，红配绿没有乡土感，还特别显眼，部分老花图案的包包内敛且富有品质。

搭配建议

比起草绿色的鲜亮，墨绿色更沉稳有气质，并且深沉的墨绿色比起草绿色更衬肤色，整体墨绿加鞋履的红色形成强烈对比，增加搭配亮点都是需要一些小心机的。

RogerVivier

Kistune Masion

LV

Burberry

Zara

色彩搭配

外套/ Burberry
内搭/ Zara
裙子/ Kistune Masion
鞋子/ Roger Vivier
包包/ LV

墨绿色
衬衫

墨绿色衬衫
+
焦糖色纽扣A字裙

墨绿色衬衫在市面上相当难得，淘宝也是无意间看到觉得很合适买下的，价格不贵。配上一条焦糖色纽扣A字裙和高跟鞋就颇显淑女范。如果觉得这样的搭配太简单，我们再加上一条亮黄色丝巾，丝巾上的图案也有相应的绿色就不会很突兀，反而成为整套搭配的亮点。最后包包手柄丝巾上的绿色也和搭配呼应。

Taobao

Maje

Chanel

色彩搭配

衬衫/ 淘宝
丝巾/ Hermes
裙子/ Maje
鞋子/ Roger Vivier
包包/ Chanel

Hermes

Chanel

Breguet

Roger Vivier

搭配建议

一套"韭菜炒蛋"的色彩搭配，运用了明亮的黄色和近似的焦糖色作为墨绿的陪衬，并且在黄色丝巾上也能找到绿色系的元素，焦糖色的裙子和高跟鞋让黄色和墨绿不那么突兀。

这些颜色让你秒变女神　**059**

酷酷的休闲男友外套风，军装外套本来是男款，买了小号尺寸女生就能穿了，配上简单的纯色内搭和深灰色牛仔裤显得腿非常纤细，为了配合整体绿色的质感，穿了一双红绿相间的一脚蹬休闲鞋，时尚轻便。手腕上的金扣配饰很亮眼，卷起袖管轻松自然，举手投足间都有小小亮点。

休闲男友外套
+
深灰色牛仔裤

外套/ U.S.ARMY
内搭/ 淘宝
裤子/ Pull & Bear
鞋子/ Gucci
包包/ LV
手环/ Hermes

搭配建议

大面积墨绿色外套来营造一种军装的感觉，比较硬朗的外套可以用深沉的颜色来压，比如黑色内搭T恤和炭黑色牛仔裤，黑色与炭黑色之间存在一点色彩差异，可以制造一点层次感，不会全黑太沉闷，鞋子也搭配了绿色图案来衬托外套的墨绿。

色彩搭配

U.S.ARMY

Pull & Bear

Hermes

Bvlgari

LV

Taobao

Gucci

5 穿对蓝色让你更有高级感

蓝色竖条纹衬衫百搭

蓝白色条纹衬衫
+
蓝色牛仔长裙

蓝色竖条纹衬衫百搭不挑人，蓝色牛仔蝴蝶结系带纽扣长裙特别有淑女范，办公室OL的着装用这套最适合不过。一双焦糖色高跟鞋类似裸色的感觉，拉长腿部线条，即便个子不是很高穿长裙也不会显矮，DIOR Lady的包包让整体搭配变得更女人。

Chanel

Zara

Dior

Taobao

RogerViVier

搭配建议

蓝白色条纹一直都是职场衬衫首选，至少我个人更偏向于条纹衬衫，选择搭配一条同色系的牛仔长裙，焦糖纽扣作为裙上点缀和高跟鞋色彩基本一致，选择一款银色的包包和衬衫上的白色条纹类似，清爽的颜色在夏天很舒服。

色彩搭配

衬衫/ Zara
裙子/ 淘宝
鞋子/ Roger Vivier
包包/ Dior

工装风
浅蓝色衬衫

纯色衬衫
+
牛仔裹身裙

工装风浅蓝色衬衫，肩膀上的肩章和胸前口袋都是亮点，上衣在比较繁复的情况下建议穿一条简洁的裙子。牛仔紧身包臀前开叉的就相当合适，不但展露女性曲线而且开叉设计也小有性感，搭配纯色高跟鞋平日上班也可以穿，包包去掉肩带后更方便。

搭配建议

纯色衬衫搭配牛仔裹身裙视觉效果会比较显瘦，蓝色衬衫在细节处有一些不同的点缀显得更干练，袖管挽起的穿法也让手臂很修长，牛仔裙的蓝色不是那种深蓝，而是接近衬衫的蓝色，裙身处的磨白效果恰到好处，黑色高跟鞋简洁时尚，银色包包和手柄上的丝巾让搭配很优雅。

色彩搭配

衬衫/ Isabel Marmant
裙子/ Alexa Chung
鞋子/ Jimmy Choo
手环/ LV
包包/ Dior

ISABEL MARANT

LV

Chanel

Van cleef &
Arpels

Alexa Chung

Dior

Jimmy Choo

棉麻质地的面料特别透气舒适，长裙子很有文艺小清新的气质，忽冷忽热的天气搭配一件牛仔外套随性又自然，整体蓝色调的搭配。手拿绑着蓝绿色丝巾的格纹包，穿一双红色亮眼平底鞋，走在路上你一定是最清新自然的那个小美女哦。

Chanel

Taobao

Guess

色彩搭配

VCA

外套/ Guess
连衣裙/ 淘宝
包包/ Chanel
鞋子/ Gucci
手镯/ Hermes

Hermes

Chanel

Gucci

搭配建议

蓝色牛仔外套这样的百搭单品必须入一件，内搭的棉麻材质条纹背心连衣裙是高腰的款式，像娃娃裙般可爱，蓝白竖条纹和牛仔外套十分协调，长裙也能遮盖内腿的缺点，虽然是背心裙但是披上外套也不会觉得手臂粗壮，一双可爱的红色小鞋子俏皮可爱，也让整套穿搭相当出彩。

永不过时的黑白灰

皮衣搭配
灰色针织裙

黑色皮衣
+
灰色针织裙

黑色皮衣搭配灰色针织裙硬朗中透露着柔美，黑色高跟袜靴充满时尚感，即便在秋冬也有保暖的温度，灰色六角帽和针织裙颜色呼应，这个冬天不觉得冷。

搭配建议

一直觉得黑白灰才是整个时尚圈最时髦的颜色，经典色彩搭配每年拿出来都是如此有范儿，即便是简单的黑灰色，也能穿出层次感，灰色的帽子和内搭针织灰色连衣裙，黑色皮衣和黑色袜靴衔接得刚刚好。

色彩搭配

外套/ Maje
裙子/ 淘宝
鞋子/ Zara
包包/ LV
帽子/ 淘宝

Maje

Taobao

LV

Zara

Taobao

小香风的黑灰亮丝毛衣外套

黑灰亮丝毛衣外套
+
灰色露肩连衣裙

上身小香风的黑灰亮丝毛衣外套，内搭一条灰色露肩连衣裙，上班时气质优雅，下班后脱去外套也能美美地和朋友出去玩了，一双帅气小短靴和朋克手环显得特别霸气，完美的黑白灰搭配。

搭配建议

之前一直都有的"娘MAN平衡"的搭配法则，例如这身衣服和鞋子我就采取了类似的穿法，温柔气质的CHANEL风格毛衣条纹外套，内搭灰色露肩长袖针织连衣裙，上半身"娘"的女人味满满，到靴子的部分，我选择了帅气硬朗的拉链短靴，达到了"MAN"的效果，银色包包的女人味又稍许中和了短靴的硬气。

色彩搭配

外套/ Maje
裙子/ 淘宝
靴子/ Guidi
手环/ Hermes
包包/ Dior

Dior

Tiffany

Hermes

Taobao

Maje

Chanel

Guidi

垂坠感很好的灰色上衣搭配黑色长款伞裙，温柔的裙摆配上卷发女人味十足，黑灰的简单配色总是非常安全又迷人，黑色漆皮鞋与黑色小包呼应，手柄上的彩色丝巾也让整套配搭有了小亮点。

垂坠感很好的灰色上衣

灰色皮衣
+
黑色长款伞裙

搭配建议

接近于白色的浅灰色T恤，配上一字领的设计，可以在视觉上增加肩宽，对于肩膀小的妹子十分友好。黑色长款伞裙又能遮盖住内腿的小缺点，一字领和伞裙简直就是女人味的代表，配上微卷的长发就是个软妹子呀！

色彩搭配

上衣/ 淘宝
裙子/ 淘宝
鞋子/ Chanel
包包/ Chanel

Taobao

Chanel

Chanel

Taobao

bvlgari

7 橙色不光是桔子色

橙色很显肤色白，周末一件中袖T恤穿在长款纽扣牛仔裙里，一个黄色小包，戴上小草帽就能出门逛逛，这样的颜色搭配就刚刚好。

橙色休闲中袖T恤

中袖T恤
+
长款纽扣牛仔裙

上衣/ Mango
裙子/ Zara
鞋子/ Gucci
包包/ LV

Mango

Muji

Zara

LV

MiuMiu

Gucci

搭配建议

饱和度高的橙色有助于提亮肤色，搭配蓝色牛仔裙休闲一身，选择一顶驼色草帽和黄色小怪兽包包，鲜活靓丽的色彩，让你走在路上回头率特别高！

色彩搭配

橙色竖条纹衬衫

橙色竖条纹衬衫
+
半身裙

谁说办公室OL不能穿鲜艳的颜色？姜黄色+橙色竖条纹衬衫就非常特别，白色袖口的设计十分干练，焦糖色A字半身裙很好地中和了太过明亮的颜色，搭配同色系高跟鞋你也有职场范了，办公室里文件比较多的时候，拿上一个可以装下A4纸大小的包包，走到哪里都是焦点。

Maje

Dior

Hermes

Hermes

Maje

Roger Vivier

色彩搭配

衬衣/ Maje
裙子/ Maje
鞋子/ Roger Vivier
包包/ Hermes

搭配建议

橙色+白色的竖条纹十分少见，这两个颜色搭配好会显得十分高级，领口和袖口都选用了白色，而衬衣中间则是深浅橙色的条纹搭配，中和橙色与白色的最好选择当然是焦糖质感的半身裙和高跟鞋了，这身穿搭一定要穿高跟鞋，毕竟如此浓烈的色彩高个子妹妹才能HOLD得住。

宽松中袖
橙色T恤

宽松中袖橙色T恤
+
背带裙

宽松中袖橙色T恤作为内搭穿在俏皮可爱的背带裙里，有种小黄人的感觉，作为辅助颜色出现也是很好的点睛之笔，不占用过大面积也很与众不同，黄色斜肩背包和夸张的同色系朋克手环相呼应，深蓝色羊皮面的渔夫鞋出去走走也不会累。

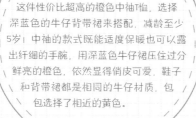

搭配建议

这件性价比超高的橙色中袖T恤，选择深蓝色的牛仔背带裙来搭配，减龄至少5岁！中袖的款式既能适度保暖也可以露出纤细的手腕，用深蓝色牛仔裙压住过分鲜亮的橙色，依然显得俏皮可爱，鞋子和背带裙都是相同的牛仔材质，包包选择了相近的黄色。

色彩搭配

上衣/ Zara
裙子/ 淘宝
鞋子/ Chanel
包包/ LV
手环/ Hermes

Zara

Taobao

LV

Hermes

Chanel

扬长避短的
搭配技巧

1

穿出纤细天鹅颈的秘籍

墨绿色
衬衫

墨绿色衬衫
+
牛仔裤

Boyfriend墨绿色衬衫非常衬肤
色。宽松的款式也会显得脖子
比较纤细，衬衫扣子少系三颗
露出V领的感觉也会让脖子变
得更长哦。上松下紧的穿衣准
则也让整体搭配很休闲。

色彩搭配

搭配建议

这是墨绿色和深灰色的搭配，之前说过大面积的墨绿色用深灰衬托是很容易显高级的配色，再用小·面积蓝色做点缀就十分鲜明。

Taobao

Dior

Pull & Bear

MiuMiu

Chanel

衬衣/ 淘宝
牛仔裤/ Pull & Bear
鞋子/ Chanel
包包/ Dior
墨镜/ Miu Miu

竖条纹露肩连衣裙

竖条纹露肩连衣裙
+
红色包包和鞋子

近年很流行的露肩设计成为拯救"短脖子"的最好办法，荷叶边宽大袖口显得脖子更纤细，一件式连衣裙是出门的最好选择，红色尖头鞋和红色小包让搭配更显眼。

搭配建议

大面积黑白竖条纹有纵向显瘦的效果，露肩款式的衣服能露出最漂亮的肩颈线条，使用红色包包和鞋子作为点缀搭配，非常有小女生的俏皮可爱的感觉。

色彩搭配

连衣裙/ Zara
鞋子/ Valentino
包包/ Celine
项链/ Hermes
耳钉/ Bvlgari

Celine

Zara

Hermes

Valentino

chanel

2

这样穿手臂看上去很纤细

镂空花纹
上衣

镂空花纹上衣
+
焦糖色小短裙

无袖的衣服并不完全会让手臂显粗，其实调整衣服的款式就会好很多，比如我们选择一件充满荷叶边和镂空花纹的上衣，就可以把视觉吸引力放在衣服本身的图案上，肩膀的荷叶边也可以遮住手臂上的小肉肉。焦糖色的小短裙和包包十分相衬。

搭配建议

夏天竖款蓝白条纹的上衣很常见，但是有特色的设计并不多，有荷叶边的款式还是比较适合手臂肉肉的女生，露出整个手臂也是显修长的关键所在。

Mango

Maje

Hermes

LV

Dior

RogerVivier

色彩搭配

上衣/ Mango
裙子/ Maje
鞋子/ Roger Vivier
包包/ LV

浴袍式
连衣裙

浴袍式连衣裙
+
黑色高跟鞋

另外一种遮住手臂的方法就是穿比较宽大袖子的衣服，比如这件连衣裙，一片式的设计，用腰带系出蝴蝶结显出腰部曲线后，灯笼款式的袖子也可以完美藏住"拜拜肉"，由于裙子比较宽大，建议穿着高跟鞋。

搭配建议

宽松的中袖款式也是遮肉的好选择。首先中袖的衣服是将手腕最细的部分露出来，其次宽松的上臂设计把内肉全部藏起来，竖条纹加持显瘦，浴袍式的连衣裙让穿搭重点都放在衣服版型上，再用黑色高跟鞋和黑色腰带作为呼应。

色彩搭配

裙子/ Maje
鞋子/ Jimmy Choo
包包/ Dior

Maje

Chanel

Van Cleef & Arpels

Dior

Jimmy Choo

3

上身过长的穿衣法则

如果你的上身比较长，我就建议将腰线提高，并且将整体搭配的所有焦点都放在上半身，下半身尽量简洁干净，比如这套金属纽扣的军装风格就将重点都堆在上衣，金属扣的高腰牛仔裙深色和黑色铆钉鞋搭配，扬长避短还不容易吗？

金属纽扣军装

高腰牛仔裙
+
黑色铆钉鞋

色彩搭配

Balmain

Chanel

Hermes

Taobao

Hermes mini kelly

Valentino

搭配建议

灰色是个很容易显高级的颜色，与任何一种饱和度高的色彩搭配都有很好的中和效果，上身较长的妹子最需要记住的就是提高腰线这个技巧，无论穿裤子还是裙子将内搭塞进去准没错，其次要选择上衣有配饰或者其他亮点的款式。

上衣/ Balmain
裙子/ 淘宝
鞋子/ Valentino
包包/ Hermes
手镯/ Hermes

使用短款外套搭配无腰线连衣裙也可以让上身过长的缺点遮盖，比如这套牛仔外套和灰色连衣裙的穿搭，配上一根蓝绿色丝巾，全身焦点都在丝巾和牛仔衣的搭配上，这时候一双红色金色铆钉鞋适当点缀你的比例就会变得非常好。

Guess

Dior

色彩搭配

外套/ Guess
丝巾/ Hermes
连衣裙/ 淘宝
包包/ Hermes

Hermes
mini kelly

Hermes

Taobao

搭配建议

除了选择有亮点的上衣或是将上衣塞进裤子（裙子）以外，连衣裙的款式也能极大影响上下身的比例，例如腰线较高的宽松式连衣裙就能很好地拉长下身线条，大面积灰色虽然比较单调，但是搭配上亮色配饰和外套，集中在上身的上半段就能很好地取长补短。

4

穿上这身小肚子看不出

深色牛仔衬衣本来就有一定的显瘦效果，配上一根彩色丝巾，让全身所有焦点集中在丝巾上，并且遮住肚子上的小肉肉，一点都不觉得胖啦，丝巾上的红绿色块对应半裙和鞋子的颜色，谁说一身不能超过三个颜色？

搭配建议

这次的搭配在红绿这两个颜色里穿插了蓝色牛仔，饱和度很高的几种色彩放在一起竟然很协调，对于肚子有肉的妹子来说，藏肉的技巧基本是穿着有收腰功能的裙子，裙子尽量高腰，其次用围巾等配饰来遮住肚子的部分。

色彩搭配

衬衣/ Muji
裙子/ Kistune Masion
鞋子/ Rogervivier
包包/ Celine
丝巾/ Hermes

 Muji

Hermes

Celine

Kistune masion

Hermes

RogerVivier

竖条纹衬衫

竖条纹衬衫
+
高腰款牛仔裤

竖条纹衬衫本来就有显瘦作用，加上宽松男友款式的可以完美藏起肚子上的肥肉，前半部分的衬衫可以塞进牛仔裤，后半部分的留再外面，就显腿长又保护了小肚腩小脚裤让四肢更纤细。

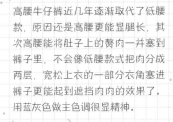
搭配建议

高腰牛仔裤近几年逐渐取代了低腰款，原因还是高腰更能显腿长，其次高腰能将肚子上的赘肉一并塞到裤子里，不会像低腰款式把肉分成两层，宽松上衣的一部分衣角塞进裤子更能起到遮挡内内的效果了。用蓝灰色做主色调很显精神。

色彩搭配

衬衣/ 淘宝
裤子/ 淘宝
鞋子/ Chanel
包包/ Dior

Bulgari

Taobao

Taobao

Dior

Chanel

5 小肉腿穿出大长腿

阔腿裤总能遮住腿上的肉肉而且显得人飘飘的，一件横条纹经典款上衣配上深蓝色牛仔阔腿裤很有日式风，下面配一双渔夫鞋或帆布鞋，完美遮住腿上的小肉。

经典款上衣

横条纹经典款上衣
+
牛仔阔腿裤

LV

Massimo
Dutti

Muji

Zara

Chanel

搭配建议

如果你不喜欢穿修身的裤子，可以尝试一下阔腿裤，阔腿的款式不会像修身的裤子那样暴露腿部曲线的缺点。有的女生会有腿型不完美的烦恼，在阔腿裤这里都能得到很好的改善。黑白色条纹海军风上衣搭配一根黑色棉质围巾非常有型，下身搭配了深蓝色九分阔腿裤既遮肉，又将最细的脚踝露出，谁还笑你腿粗呀~

色彩搭配

上衣/ Massimo Dutti
裤子/ Muji
鞋子/ Chanel
包包/ LV
围巾/ Zara

机车风
皮质外套

机车风的皮质外套
+
高腰黑色牛仔短裙

很多不都女生觉得露腿一定会显胖，但如果拉长腿的比例就会显得很瘦哦。比如这套穿搭，将全身重点放在上半身，机车风的皮质外套，纯色内搭和高腰黑色牛仔短裙配在一起，腰部以下全是腿，穿上8厘米高跟鞋，纱变长腿女神。

搭配建议

如果觉得自己腿粗千万不要不自信地认为：腿粗就不能露。其实学会穿高跟鞋，露腿也会变得很漂亮，我们采用黑灰的显瘦上衣搭配出内外层次感，接着下身也穿上黑色短裙，注意短裙一定要超过膝盖10厘米以上，露出大腿最细的部分很重要，配上银灰色高跟鞋，整体色彩极度和谐，帅气的风格谁还会记得你腿粗？

色彩搭配

外套/ Maje
内搭/ Zara
裙子/ Zara
包包/ LV
鞋子/ Jimmy Choo

Zara

LV

chanel

Maje

Zara

Jimmy Choo

小腿粗就不能穿裙子？

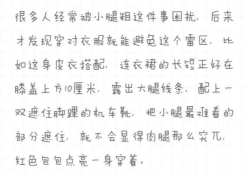

很多人经常被小腿粗这件事困扰，后来才发现穿对衣服就能避免这个雷区，比如这身皮衣搭配，连衣裙的长短正好在膝盖上方10厘米，露出大腿线条，配上一双遮住脚踝的机车靴，把小腿最难看的部分遮住，就不会显得肉腿那么突兀，红色包包点亮一身穿着。

连衣裙

连衣裙
+
机车靴

搭配建议

小腿粗的女生其实还蛮难穿衣服的，尤其是上身瘦，大腿正常但小腿粗的类型，所以现在穿衣都遵循裙子的话上身必须有叠搭效果，尽量是上半身宽松，下半身裙子不要太修，穿中筒靴遮住腿肚。这套搭配以灰黑色为主，红色作为点缀。

色彩搭配

外套/ Maje
裙子/ 淘宝
鞋子/ Guidi
包包/ Celine
手环/ Hermes

Maje

Celine

Hermes

Taobao

Hermes

Guidi

扬长避短的搭配技巧　**083**

V领针织包身裙

V领针织包身裙
+
针织镂空外套

要避免腿粗的一个好办法就是将焦点放在上身，这次选择了一件V领针织包身裙，正好遮住小腿最粗的位置，外面披一件明亮色系宽松的针织镂空外套，大家便只会注意你上身的穿搭，背上一只可爱的传统图案包包和穿一双传统图案鞋子，整体色调也显得非常搭配。

Taobao

LV

Zara

LV

LV

色彩搭配

外套/ Zara
裙子/ 淘宝
鞋子/ LV
包包/ LV

搭配建议

小腿粗的女生还可以选择长款连衣裙帮自己遮缺点，但是记住修身款的连衣裙必须搭配更宽松的外套来显得下半身不那么沉重，驼色的OVERSIZE针织开衫搭配灰色修身连衣裙就有不错的温暖感觉，遮住小腿的裙子长度刚刚好。

7

肩膀窄怎么穿才显得头不那么大？

作者本人也是头大肩膀窄的典型代表，每次衣服都撑不起来，自从有了外套架在肩膀上的穿法以后，再也不会显得肩膀窄小了，比如这件宫廷风格的撞色外套，特别适合在一些重要派对场合穿着。

宫廷风格
撞色外套

宫廷风格外套
+
饱和度高的颜色

色彩搭配

外套/ Sandro
内搭/ Mango
包包/ LV
手环/ LV
耳钉/ Gucci

Sandro

LV

Mango

Gucci

LV

Zara

    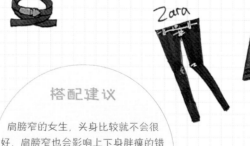

Jimmy choo

搭配建议

肩膀窄的女生，头身比较就不会很好，肩膀窄也会影响上下身胖瘦的错觉。好在近几年流行了外套架在肩膀上的穿法就很友好了，这件红蓝色撞色外套用饱和度非常高的颜色和垫肩设计也拯救了我的小·肩膀。

扬长避短的搭配技巧   **085**

肩章衬衫

有肩章的衬衫
+
横条纹棉麻皱褶围巾

为了显得肩膀能宽一些，除了在外套上下点功夫之外，还可以在配饰上做点小功课，比如有肩章的衬衫，除了可以扩大一些肩膀比例以外，披上一根横条纹的棉麻皱褶围巾，就能让肩膀线条变得很有层次，也就忽略肩膀窄这件事啦。

色彩搭配

这条围巾我买了两个颜色，黑白条纹和蓝白条纹，搭配这身蓝色衬衣我就选择了蓝白条纹作点缀，用横向条纹来扩大肩膀的比例，蓝色工装衬衫和墨绿工装裙在款式上也都属于干练风，尖头黑色铆钉鞋显腿长。

Isabel Marant

Mango

Kistune Maison

Hermes Mini Kelly

Tiffany

Bulgari

Valentino

围巾/ Mango
衬衣/ Isabel Marant
裙子/ Kistune Maison
鞋子/ Valentino
包包/ Hermes

8 胯太大该怎么补救？

长款
针织外套

长款针织外套
+
高腰牛仔长裙

胯太大的时候我们可以选择用一件比较
长的宽松外套遮住，秋天我们就拿出长
款针织外套，丰富的配色让你里面搭配
任何色彩都行，纯色T恤和高腰牛仔长裙
提升腰线，又正好盖住胯部，完美~

色彩搭配

Elizabeth Ascot

Hermes

Hermes

Zara

Taobao

Chanel

搭配建议

海马毛开衫，蓝色和紫色中长款，
无论穿裤子还是裙子都能遮住凸出
的胯部和大腿外凸的假胯，蓝色牛仔
裙和孔雀蓝的包包对应了开衫上的
蓝色，配上驼色厚底渔夫鞋打造
出整体的休闲感。

外套/ Elizabeth Ascot
内搭/ 淘宝
裙子/ Zara
鞋子/ Chanel

低腰款式娃娃裙

低腰款式娃娃裙
+
深蓝色的丝绸钻扣鞋

借助低腰款式的娃娃裙可以有效遮盖胯大大的烦恼。低腰线的设计有青春的感觉，连衣裙上闪丝和小鸟的设计特别活泼可爱，裙摆的蓬度也恰到好处，鞋子的材质和连衣裙材质相似很有高级感。

搭配建议

闺蜜下午茶或和伴侣重要纪念日约会都可以穿的一套搭配。绿色娃娃背心裙不但减龄，而且在腰胯的设计处很好地规避了胯大的缺点。俏皮可爱的绿色和连衣裙上的图案刺绣还颇有几分贵气，穿上深蓝色的丝绸钻扣鞋搭配贵气十足的首饰，举手投足间都有名媛范啦。

Manolo Blahnik

VCA

Hermes mini Kelly

Maje

Chanel

Hermes

色彩搭配

连衣裙/ Maje
鞋子/ Manolo Blahnik
包包/ Hermes
耳钉/ Chanel
手镯/ Hermes
项链/ VCA

四季穿搭
秘籍

1 春暖花开

春意盎然踏春出行该怎么穿?

卡通汽车元素的毛衣

深灰色毛衣外套
+
简洁牛仔小短裙

春日出行一件纽扣针织内搭, 外面披件卡通汽车元素的深灰色毛衣外套, 简洁牛仔小短裙, 穿上一双拉链小短靴, 出去玩耍既有风度又有温度, 颜色搭配以黑灰色为主, 黄色包包作为整体亮点。

搭配建议

这套搭配适合小腿稍许有点粗的女生, 利用宽松的外套毛衣营造上半身"大"的视觉效果, 短裙也能拉长腿的线条, 小腿粗可以用一双中筒靴遮住最粗的部分, 衣服上的几个色彩明亮的小装饰和包包的黄色鲜亮很搭。

色彩搭配

外套/ LV
内搭/ Agnesb
裙子/ Zara
靴子/ Guidi
包包/ LV

LV

Agnesb

LV

Zara

Guidi

STELLA的四季穿搭魔法

粗花呢
小香风

小香风上衣
+
深蓝色牛仔裙

粗花呢小香风的上衣很优雅，黑咖色系最好是搭配深蓝色牛仔裙会比较有休闲的感觉，裙子口袋可以好好利用，背上一只小包就能出门了，为了呼应小香风上衣，穿了一双同款乐福鞋。

搭配建议

深蓝色和黑色为主色调，棕色焦糖色作为点缀。细小格子的粗花呢上衣圆领毛碎的设计尽显淑女风，短款上衣适合穿高腰的裤子或者裙子。如果你的臀部或胯部比较大，那就不建议穿裤子了，A字裙会更合适。

色彩搭配

上衣/ Zara
裙子/ 淘宝
鞋子/ Chanel
包包/ LV

 LV

Zara

 Chanel

Taobao

Hermes

Bvlgari

平价快消品牌也能找到适合自己的衣服，比如这件斜条纹短上衣，和平时的正条纹不同相当别致，短款的衣服搭配高腰一步长裙比较显身材，出去游玩穿一双轻便的同色系渔夫鞋，如果冷的话可以加多一条黑色围巾，百搭又时尚。

斜条纹短上衣

斜条纹短上衣
+
高腰一步长裙

搭配建议

黑色围巾打折时买的价格相当划算，春秋天都可以作为搭配的单品，既有风度又有温度。高腰长裙和短上衣不仅显腿长还能拉伸比例，以黑白条纹打底，大面积浅蓝作为辅色，同色系的包包简单大方。

色彩搭配

上衣/ Zara
裙子/ Zara
围巾/ Zara
鞋子/ LV
包包/ Dior

Dior

Zara

LV

LV

Zara

Zara

V领设计的
针织衫

V领设计针织衫
+
蓝色蝴蝶结A字长裙

色彩搭配

上衣/ 淘宝
裙子/ 淘宝
鞋子/ LV
包包/ Chanel
胸针/ Chanel

V领设计的针织衫相当有女人味，深蓝色的优雅非常适合通勤，用珍珠款式的胸针搭配显得更高级，穿上蓝色蝴蝶结系带A字长裙，蓝色包包和深色高跟鞋，色彩十分协调。

搭配建议

整身蓝色搭配高贵典雅，深蓝色针织上衣搭配浅蓝色A字长裙，穿上黑色金属扣高跟鞋瞬间有了奥黛丽·赫本的气质，同色系的包包将蓝色进行到底。

经典黑白色

毛衣外套
+
紧身或直通黑色裤

经典黑白色运用在职场一定是不会错的。黑色边和细节处理的毛衣外套非常干练，内搭如果使用纯黑色会显得比较死板，于是挑选了一件有些金葱设计的吊带，下身选择紧身或直通黑色裤配上高跟鞋。

搭配建议

在之前的一些搭配中我都有说到如何穿出层次感，无论是衣服的叠穿还是色彩的叠加，都可以营造搭配的亮点，虽然黑白色看上去简单，但通过色块布局不仅显瘦还有气质，整体黑色为主白色为辅，用焦糖色点缀。

色彩搭配

外套/ Maje
内搭/ Mango
裤子/ Pull & Bear
鞋子/ Roger Vivier
包包/ LV
手表/ Breguet

Maje

Hermes

LV

Breguet

Pull & Bear

Roger Vivier

Mango

墨绿色搭配

西装外套
+
蓝色蝴蝶结A字长裙

墨绿色搭配出彩也可用在职场办公室氛围里，喇叭袖的设计很有女人味，一小块挖肩透露丝丝小性感，外面披一件西装外套正合适，蓝色蝴蝶结系带A字长裙将优雅发挥到极致，银色高跟鞋与深蓝色格纹包包也是绝佳组合。

Taobao

Chanel

色彩搭配

上衣/ 淘宝
裙子/ 淘宝
鞋子/ Roger Vivier
包包/ Chanel

Taobao

Chanel

Roger Vivier

搭配建议

墨绿色的上衣和浅蓝色A字裙搭配
可以很有OL范，比较贴身的款式适合
梨形身材的女生，上身身下身肉多，
可以穿A字长裙遮盖，身高不够用
高跟鞋来补，全身不超过三个
颜色就非常得体。

休闲运动风就是那么容易

休闲运动风

卫衣
+
休闲裤或牛仔裤

休闲运动风的卫衣应该是衣橱里必备的啦，藏青色十分百搭，无论是搭配休闲裤还是牛仔裤都适合周五穿着，出去遛狗也很方便哦。

藏青色宽松卫衣不需要繁复的搭配，一条灰色牛仔裤就可以出门，毕竟藏青色和灰色也是好朋友，休闲穿搭一定要配上合适舒服的鞋子，配饰就简单再简单最好。

色彩搭配

上衣/ Thom Browne
裤子/ Pull & Bear
鞋子/ Gucci
耳环/ Bvlgari

ThomBrowne

Bulgari

Pull & Bear

Gucci

经典款式
棒球衣

棒球衣
+
灰色牛仔裤

经典款式棒球衣本来就是休闲运动风的代表，配上灰色牛仔裤整体黑灰感，这样天气穿上粗花呢材质的渔夫鞋很合适，颜色也相当搭调。

Celine

Miumiu

Maje

Taobao

Pull & Bear

Chanel

色彩搭配

外套/ Maje
内搭/ 淘宝
裤子/ Pull & Bear
鞋子/ Chanel
包包/ Celine

搭配建议

一般来说，比较有花色的外套我都会用简单的T恤做内搭，网上有许多很好的内搭T恤，好穿且不贵，可以多买几件配上不同颜色的衣服。棒球外套买合身款有娇小感，买大一号OVERSIZE有时尚感，黑灰色虽然单调，不过用红色小挎包也可以活泼起来。

宽松款式的驼色衬衫，里面可以搭一件纯色恤或单穿都可以，灰色牛仔小脚裤带一点点破洞的，很有休闲感，衬衫衣角一边塞进裤子，一边露在外面，可以修饰一下臀部线条，同色系渔夫鞋运动十足。

Zara

Pull & Bear

色彩搭配

衬衫/ Zara
裤子/ Pull & Bear
鞋子/ Chanel

Gentle Monster

Chanel

搭配建议

驼色衬衫比较少见的，棉麻质感在春夏换季穿着很舒适，晚上凉一些可以披件针织小外套挡风。灰色牛仔裤不像深蓝色那样扎眼，中和驼色之类的温和色很好看，鞋子和衣服的颜色也很配套。

穿这样就能周末出去嗨嗨嗨

暗黑系的搭配

灰色花纹的毛衣外套
+
黑色牛仔小短裙

暗黑系的一套搭配，非常非常酷，黑色不规则带灰色花纹的毛衣外套，正反面都可以随意穿着，内搭金葱针织吊带闪闪发光，黑色牛仔小短裙配过膝皮质长靴一看就是御姐，出去玩当然就是要这种FEEL。

搭配建议

想要全黑色的搭配不老气，可以采用黑色上衣有一些细小的不规则花纹，花纹最好以条纹类为主，不同材质的黑色搭配在一起就会很洋气，黑色针织毛衣与黑色牛仔，下半身穿着黑色皮质过膝靴就是一套COOL GIRL打扮。

色彩搭配

外套/ DKNY
内搭/ Mango
裙子/ Zara
靴子/ 淘宝

DKNY

Zara

Mango

Hermes

Chanel

Taobao

出去嗨怎么少得了帅气皮衣，可以直接当外套穿也能架在肩膀上当装饰，都是相当有气场的。内搭一件中袖T恤正面是浅灰色，背后是深灰色，拼接的质感相当好，简洁黑色小脚裤穿一双红色铆钉鞋很朋克。

帅气皮衣

皮衣
+
黑色小脚裤

搭配建议

钟爱的红黑色又运用到这套搭配里，黑色皮质机车外套是"外刚"属性，灰色v领内搭则是"内柔"属性，宽松的内搭也不会显肚子，适合苹果型身材的女生。红色包包和同色铆钉鞋不仅点缀了沉闷的黑色，且铆钉元素也体现了"刚"的属性相得益彰。

色彩搭配

外套/ Maje
内搭/ Zara
裤子/ Pull & Bear
鞋子/ Valentino
包包/ Celine

Pull & Bear

Maje

Bulgari

Celine

Zara

Valentino

单边露肩的上衣

露肩的上衣
+
焦糖色纽扣A字裙

单边露肩的上衣不像全部露肩那么张扬，但也不失一些小性感，合身剪裁搭配焦糖色纽扣A字裙出去聚会也相当得体，如果觉得太单调，可以配一根珍珠长项链增加亮点。

色彩搭配

上衣/ 淘宝
裙子/ Maje
鞋子/ Roger Vivier
包包/ Dior
项链/ Chanel

Chanel

Taobao

Dior

Dior

Maje

Roger Vivier

搭配建议

深蓝色修身上衣搭配焦糖色A字裙适合梨形身材的女生，把裙子适当穿得高腰一些，不仅显得腰细且腿长，肩线漂亮的女生露出半个小肩膀就相当迷人了，同样焦糖色的高跟鞋气场更足哦。

2 凉凉夏日

清爽夏日条纹心机搭配

夏天就是要小清新蓝色系，条纹是最适合的款式。喇叭袖可以完美遮住粗壮的手臂，高腰伞裙拉长腿部线条，也显得十分俏皮，整体蓝色的搭配背上蓝色格纹包和蓝色耳钉，夏天就是凉凉的样子。

搭配建议

深浅蓝色的搭配营造出夏日凉爽的风格，竖条纹的衬衫一直都是这个季节最受欢迎的款式，领口心机的蕾丝花边很有淑女气质，深蓝色牛仔伞裙不仅可爱俏皮和红色平底鞋搭配，也有浓浓女人味，同款色的包包以经典款配麻花边和整身搭配气质相符。

Chanel

Sandro

色彩搭配

Chanel

上衣/ Sandro
裙子/ Maje
鞋子/ Roger Vivier
包包/ Chanel
耳钉/ Chanel

Maje

Tiffany

Roger Vivier

经典款式
条纹衬衫

条纹衬衫
+
焦糖色A字裙

条纹衬衫向来都是经典款式，条纹的粗细不同也能影响整体搭配效果，略粗的竖条纹与胸前口袋的横条纹形成对比，搭配焦糖色A字裙颜色中和的刚刚好，一双高跟鞋让你马上增高8厘米，搭配蓝色的手提包十分清爽。

搭配建议

与普通的竖条纹衬衫不同的是，这件衬衫配色远看像蓝白条纹，其实近看发现是偏蓝色的灰蓝色，颜色特别好搭配可以选择蓝色或者黑色的配饰。这次选择的是蓝色包包和银灰色高跟鞋作为搭配，焦糖色的A字裙可以遮盖比较粗的大腿和臀部哦。

Chanel

Maje

Zara

Bulgari

Jimmychoo

Dior

色彩搭配

上衣/ Zara
裙子/ Maje
鞋子/ Jimmy Choo
包包/ Dior

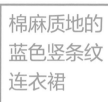

棉麻质地的
蓝色竖条纹
连衣裙

蓝色竖条纹连衣裙
+
丝巾+灰色细腰带

棉麻质地的蓝色竖条纹
连衣裙，乍一看会以为
是病服，但如果得到精
心搭配就有不同效果。
比如我们配上一根彩色
丝巾，中间系上灰色细
腰带就马上有了职场专
业度，包包的颜色配合
丝巾上的小色块一切都
刚刚好。

色彩搭配

搭配建议

性冷淡风品牌的棉麻材质衬衫或者裙子绝对值得入，不要小看简单的款式，越是简洁越能搭配出不一样的效果，棉麻质地不仅在夏天清凉舒爽而且洗起来也非常舒适，皱皱的感觉最棒！蓝白色经典条纹搭配橙色包包及一根亮色系的丝巾，人群中一眼就能看见你。

Muji

Hermes

Hermes

Hermes

Hermes
kelly 32

Hermes

Valentino

连衣裙/ Muji
丝巾/ Hermes
腰带/ Hermes
包包/ Hermes
鞋子/ Valentino

这样搭配再也不怕办公室空调开太冷

牛仔衬衣连衣裙

牛仔衬衣连衣裙
+
灰色腰带

牛仔衬衣连衣裙在办公室也可以随意搭配，系上一根灰色腰带露出腰身就非常好看，如果感觉办公室空调开太冷，一条棉麻质地的黑色围巾不仅是相当出彩的配饰，也能保证在办公室有温度哦。

搭配建议

带有一点点灰度的深蓝色牛仔连衣裙也能在办公场合穿，工装的款式更有OL气质，搭配一根黑色棉质围巾起到保暖和修饰上身肥胖的视觉效果，打折买的围巾很划算，春夏秋都可以用到，酒红色的平底鞋近似于黑色，灰色腰带和灰色包包同个色系。

色彩搭配

连衣裙/ Isabel Marant
围巾/ Zara
腰带/ Hermes
包包/ Hermes
鞋子/ LV

Isabel Marant

Chanel

Hermes

Zara

Hermes
mini kelly

Hermes

LV

这是学习日本博主的伞裙穿法，纯色T恤搭配条纹伞裙，夏天的小清新既视感，长裙既优雅又能使你在夏日寒冷的空调房间里保持温度，脖子怕着凉的话也可以系一根小丝巾，不仅蓝色元素和伞裙呼应，也有职场气质。

日本博主的
伞裙穿法

纯色T恤
+
伞裙

色彩搭配

上衣/ Topshop
丝巾/ Hermes
裙子/ Uniqlo
手环/ Hermes
鞋子/ Chanel
包包/ Dior

Hermes

Topshop

Chanel

Uniqlo

Hermes

chanel

Dior

搭配建议

为了配合丝巾的穿戴特地将头发扎起来，露出一点耳朵和脖子才能更好地体现整体丝巾的配搭，用亮色系来点缀单调的白色，浅蓝白条纹的伞裙和芭蕾舞鞋配在一起更显淑女气质，蓝色包包对应了丝巾和裙子上的蓝色元素。

一款比较有设计感的上衣，底部是不规则设计，我选择了用打结的方式将上衣长度缩短，正好搭配高腰黑色牛仔短裙，显得腿比较修长，长袖的款式也不会感到太冷，红色尖头鞋修饰腿型。

搭配建议

我特别喜欢用黑灰色和红色做搭配，尤其是将黑灰色穿出渐变的感觉，一层层加深，从浅灰到炭灰再到全黑，最后用同色配饰做点缀，红色包包提亮整体搭配。

色彩搭配

上衣/ 新加坡设计师品牌
裙子/ Zara
鞋子/ Valentino
手环/ Hermes
包包/ Celine

Singapore

Celine

Hermes

Zara

Valentino

夏日约会甜蜜穿搭

清凉舒爽的
绿色条纹

白色镂空刺绣花纹
+
墨绿色工装短裙

色彩搭配

上衣/ Sandro
裙子/ Kistune Maison
鞋子/ Valentino
包包/ Hermes

清凉舒爽的绿色条纹
市面上很少有，白色
镂空刺绣花纹很有夏
日感，搭配墨绿色工
装短裙颜色配合得刚
刚好，灰色小手袋中
和绿色，红色尖头鞋
是全身亮点，我最喜
欢用撞色来搭配，男
朋友应该会很喜欢吧。

Sandro

Bulgari

Hermes
mini kelly

Kistune Masion

Tiffany

Valentino

搭配建议

在本书中已经好几次使用红绿色搭配
了，这次尝试了比较浅的绿色中和白色条
纹，与红色搭配，墨绿色裙子增加绿的层
次感，红色黑边金铆钉平底鞋成为全身搭
配重点，再用灰色小包包来中和过度浓郁
的配色，泡泡袖的款式能更好地遮住
"拜拜肉"，和男朋友去约会不怕
手臂粗拍照不美啦。

四季穿搭秘籍　　**111**

枣红色条纹棉麻T恤作为内搭穿在深蓝色背带裙里，瞬间减龄回到16岁。A字裙的款式显得特别俏皮，红色包包和鞋子与内搭T恤呼应，出去约会当然要充满少女心啦！

枣红色条纹棉麻T恤
+
蓝色背带裙

搭配建议

都说直男爱萝莉，和男朋友出去约会除了淑女风偶尔也可以打扮得活泼可爱些，比如一条俏皮背带裙，内搭一件棕红色条纹T恤，温暖系的"海军风"，再穿上酒红色豆豆平底鞋和红色斜挎包包，男朋友一定会夸你是个可爱的小萝莉哦！

J.Crew

色彩搭配

上衣/ Jcrew
裙子/ R.N.A
包包/ Celine
鞋子/ LV

Celine

R.N.A

LV

条纹宫廷式
连衣裙

连衣裙
+
包包

出去约会嫌麻烦就选一条连衣裙，这件条纹宫廷式连衣裙，亮点多多，比如肩部挖空的性感设计和收腰款式，裙摆的皱褶，活泼可爱中又透露着淑女气质，约会最合适的搭配，一起共进浪漫晚餐。

搭配建议

一套色彩比较简约的淑女气质连衣裙搭配，通过黑白竖条纹来营造视觉上的显瘦效果，荷叶边的袖子能很好地遮住上臂赘肉，搭配质感的鞋子和包包，男朋友一定喜欢得不得了。

Maje

chanel

LV

色彩搭配

Manolo
Blahnik

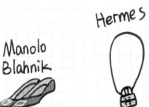

Hermes

连衣裙/ Maje
包包/ LV
鞋子/ Manolo Blanhik
项链/ Hermes
耳钉/ Chanel

牛仔材质
无袖衣服

无袖上衣
+
浅米色工装裙

都说穿无袖衣服会显得手臂粗，但挑对上衣你也可以穿无袖，首先要保证上衣有一定的厚度和硬度，牛仔材质的就相当合适，其次上衣袖口边缘可以有一些装饰性的元素比如毛边，袖口要宽过肩膀，这样就会有修饰手臂的效果，搭配一条浅米色工装裙，用粗犷手环做配饰，手臂看起来会有纤细感。

搭配建议

黑色牛仔材质和款式，搭配驼色纽扣裙青春既视感，再戴上驼色系的夸张手环显得手臂更细，酒红色平底鞋活泼可爱，一个蓝色包包不仅色彩鲜艳且很能装。

Dior

Hermes

GAP

Hermes

PeaceBird

LV

色彩搭配

上衣/ GAP
裙子/ Peace Bird
鞋子/ LV
包包/ Dior
手环/ Hermes

短款牛仔连衣裙

连衣裙
+
同色系渔夫鞋

有的女生上身比较容易堆积肥肉，但是四肢都比较纤细，这时候可以选择面料硬挺的短款牛仔连衣裙，一方面露出腿部线条，另一方面硬挺的面料可以藏住中段肉肉，让大家只看到你的美腿，再搭配同色系渔夫鞋不仅休闲而且也能美美哒。

Alexanda Chung

LV

Bulgari

Chanel

色彩搭配

连衣裙/ Alexa Chung
鞋子/ Chanel
包包/ LV
耳钉/ Bvlgari

搭配建议

杨幂同款街拍连衣裙，比较挺的牛仔面料很能修身，而且把该藏的肉肉全部遮住，不光手臂还有腰部。裙子是比较短的款式，所以对自己美腿很自信的女生一定不能错过，全身蓝色搭配个焦糖色包包，出去聚会很嗨皮。

姐妹们的聚会总是少不了美美的下午茶和各种自拍，想在照片里脱颖而出，当然需要有Bling Bling的元素和设计特别的款式上衣，袖口分段式造型不仅让手臂显得纤细，还能遮住小肚子。大面积色块的牛仔半裙也能压住太过闪亮的上衣，一双闪闪的单鞋和银色丝绸质地小包气质UP！

闪闪的银色上衣和深蓝色牛仔裙

闪闪的银色上衣
+
牛仔半裙

搭配建议

闪闪的银色上衣和深蓝色牛仔裙，上身淑女元素，下身休闲款式，搭配同色系的银色钻扣平底鞋和包包，整套搭配都是亮点，袖子的设计能遮住上半身的肉肉。包包手柄上系上一根红蓝色丝巾，和姐妹们一切合影都是美美哒。

色彩搭配

上衣/ Zara
裙子/ 淘宝
鞋子/ Manolo Blahnik
包包/ Dior

Zara

Dior

Bvlgari

VCA

Taobao

Manolo Blahnik

3

多彩秋日

适合秋天的不只落叶还有焦糖色

衬衣搭配
A字裙

白色衬衣
+
焦糖色A字裙

初秋是个乱穿搭的季节，刚从夏天过渡过来天气还是有些闷热的，一件白色衬衣搭配一条焦糖色A字裙，满足日常上班需求，戴上珍珠项链后也很有气质，焦糖色的高跟鞋让你自信满满。

色彩搭配

Chanel

Chanel

Muji

chanel

Maje

Roger Vivier

搭配建议

白色棉麻质感的衬衫既休闲又有职场范，不同的穿法能呈现不一样的风格，比如搭配焦糖色A字裙和黑白相间珍珠项链就有办公室范儿了，秋天可以多增加一件薄款针织开衫，外搭保暖。

上衣／Muji
裙子／Maje
鞋子／Roger Vivier
项链／Chanel
包包／Chanel

墨绿色的
上衣配上
百褶长裙

宽松上衣
+
焦糖的百褶长裙

墨绿色的宽松上衣配上焦糖的百褶长裙显得腰特别细，尤其是长裙的腰封设计很有宫廷感，秋天的颜色就是需要那么浓厚才有韵味。

搭配建议

焦糖色的百褶长裙简直是秋天的最佳单品，无论配上毛衣还是衬衫，让你尽显优雅淑女气质，搭配墨绿色大开领衬衫出去约会简单大方，就连上班也是气质大增，黑色高跟鞋内涵满满，一个灰色小·包玲珑优美。

色彩搭配

上衣/ 淘宝
裙子/ 淘宝
鞋子/ Jimmy Choo
包包/ Hermes

Taobao

Hermes

Hermes

Chanel

Taobao

Jimmy choo

黑色T恤套一件亮色毛衣

黑色T恤
+
焦糖色的短裙

深秋初冬的时节一件简单的黑色T恤外面套一件亮色毛衣，这时你就需要焦糖色的短裙来温暖整套穿搭了，高腰裙的设计可以让腰身变细显腿长，皮质过膝靴不仅保暖也是当下最流行的款式。

Taobao

Elizabeth Ascot

Taobao

Maje

Hermes Birkin 25

色彩搭配

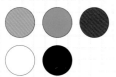

搭配建议

又是一套超过3种颜色的搭配，拼色相间的混色羊毛开衫和焦糖色纽扣小短裙有中和的效果，不会让色彩混乱到没有重点，用黑色过膝靴压住气场并且搭配孔雀绿的包包和开衫上的绿色有对应效果。

上衣 / 淘宝
外套 / Elizabeth Ascot
裙子 / Maje
靴子 / 淘宝
包包 / Hermes

秋日小香风职场穿搭

小香风外套
+
黑色小脚裤

秋日小香风职场穿搭，虽然整体搭配以黑色为主，但却不会觉得沉闷，并十分优雅。香奈儿元素的胸针点亮简洁外套，内搭T恤的领口粗花呢元素也是点睛之笔，漆皮质地的乐福鞋复古又时尚，这么去上班心情大好。

色彩搭配

搭配建议

黑色为主的职场搭配必须配上一些小小的色彩亮点，比如这件金色和白色粗花呢边的T恤，既休闲又正式，穿在小香风外套里优雅极致，用黑色小脚裤和黑色珍珠乐福鞋搭配全身都气场满满，用包包手柄上的绿色丝巾作为点缀就更完美了。

Chanel

Maje

Pull & Bear

Hermes

Chanel

Chanel

Chanel

Chanel

Chanel

| 外套/ Maje |
| 上衣/ Chanel |
| 裤子/ Pull & Bear |
| 包包/ Chanel |
| 胸针/ Chanel |
| 鞋子/ Chanel |

刚入秋的阶段天气没有那么凉，一件简约白色衬衫搭配精神的牛仔伞裙最清爽不过，一根珍珠长项链马上凸显你的气质，个子不够高我们还有黑色方扣高跟鞋，简单实用的入秋职场搭配你学会了吗？

白色衬衫
+
牛仔伞裙

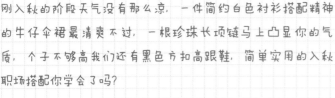

搭配建议

百搭的白色棉麻材质衬衫已经在书中出现好几次啦，搭配不同色彩和材质的裙子有不同的效果。这次选择了一条深蓝牛仔伞裙也能搭出职场气质，配上黑色金属扣高跟鞋和黑白相间珍珠项链职场味超浓。

Zara

Maje

chanel

chanel

RogerVivier

色彩搭配

Chanel

衬衫/ Zara
项链/ Chanel
裙子/ Maje
包包/ Chanel
鞋子/ Roger Vivier

墨绿色的
铅笔裙

小香风外套
+
墨绿色的铅笔裙

秋天可以试试看皮裙，墨绿色的铅笔裙也可以搭出干练气质，上身小香风外套西装别上胸针，下身铅笔裙搭配，高跟鞋拉长身高，职场高级职场范儿就出来啦。

搭配建议

比起常规款式的西装，我更偏好这种圆领西装，因为穿有领西装会显得肩颈线条比较短，所以圆领的款式露出脖子更好看，内搭不同色彩的T恤色彩鲜明度会不同，这次配了灰色的T恤材质很舒服，下半身选了一条墨绿色包臀皮裙，马上就有高管气质啦。

色彩搭配

外套/ Maje
裙子/ Zara
鞋子/ Jimmy Choo
胸针/ Chanel
内搭/ 淘宝

Maje

Chanel

Zara

Taobao

Jimmy choo

宽松毛衣 牛仔小短裙

宽松毛衣
+
牛仔小短裙

外出旅行舒适当然是最重要的啦，宽松毛衣搭配牛仔小短裙一点负担都没有，秋季出行觉得冷可以穿一双拉链小短靴，平底的就相当合适，无论走多少路都不会觉得很累，包包颜色和毛衣呼应。

蓝紫色斜纹毛衣和近年比较火的ACNE品牌毛衣款式有点类似，胜在它特别的颜色，可以搭配黑色短裙和中筒靴，露出纤细的大腿遮住略粗的小腿。

色彩搭配

毛衣/ 淘宝
裙子/ Zara
靴子/ Guidi
包包/ Chanel

Taobao

Dior

Zara

Guidi

Chanel

色彩鲜艳的毛衣

毛衣
+
绿色裙子

去旅行怎么少的了拍一些美美的照片呢，色彩鲜艳的毛衣和配饰就最上照了，红绿撞色搭配用白色来中和，让你时尚度猛增，一脚蹬乐福鞋很好走，包包的红色与毛衣鞋子上的红色图案对应。

Bvlgari

Maje

Celine

Kistune Maison

Gucci

色彩搭配

搭配建议

红绿色已经逐渐成为时髦配色，大面积白色点缀零星红绿小花纹，不仅款式独特且颜色亮丽，搭配绿色裙子对应了毛衣上的绿色，并且在包包和鞋子上都运用了红色起到呼应的效果哦。

毛衣/ Maje
裙子/ Kistune Masion
鞋子/ Gucci
包包/ Celine

经典款黑色棒球服

棒球服
+
裤装或裙装

虽然帽子是男款，但颜色和材质都很适合秋冬，如果觉得自己头围比较大的女生，都可以选择男士的，戴起来会宽松些，经典款黑色棒球服相当百搭，无论是配裤装还是裙装都活力满满。

Zara

Maje

Peace Bird

Agnesb

Celine

色彩搭配

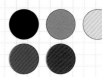

外套/ Maje
内搭/ Agnesb
裙子/ Peace Bird
鞋子/ Chanel
帽子/ Zara

搭配建议

藏青加黑灰可以算作一个色系，搭配驼色小·短裙活泼俏皮，红色包包作为整身的亮点，渔夫鞋对修饰腿型也有一定的作用，比起一般的圆头芭蕾舞鞋，渔夫鞋不会显得头重脚轻，也就能遮盖一下小·腿的粗壮了。

Chanel

活动派对怎么穿最扎眼

纯白色凹凸质感的花纹连衣裙

花纹连衣裙
+
裸色焦糖系高跟鞋

纯白色凹凸质感的花纹连衣裙一定是派对上瞩目的焦点，A字蓬蓬的裙摆设计，恰到好处的收腰，突显你的气质，这时候建议大家不要穿丝袜，光腿穿高跟鞋的效果更好，高跟鞋可以选择裸色焦糖系的，让小腿更修长。

Dior

Maje

Chanel

Roger Vivier

搭配建议

这件是章子怡参加宋慧乔婚礼穿过的同款连衣裙，黑白相间的花纹让裙子特别有质感，我建议不要穿黑色裤袜，会显得下半身非常沉重，焦糖色高跟鞋延伸腿部线条至脚尖，挽上优雅的菱格纹包包超美。

色彩搭配

连衣裙/ Maje
鞋子/ Roger Vivier
包包/ Chanel
耳钉/ Dior

小香风格的粗花呢短大衣架在肩膀上气场强悍，内搭V字领中袖T恤，前半部浅灰色，后半部深灰色非常别致，黑色紧身小脚裤配上银色高跟鞋，颜色匹配的刚刚好，把包上的肩带取下，立马变成手包，参加派对你就是焦点！

内搭V字领中袖T恤
+
黑色紧身小脚裤

色彩搭配

搭配建议

将黑色、银色、金色元素融汇到一件外套上，粗花呢质感更显高贵气质，出去参加各类派对都是很好的外套选择，一件设计款T恤和黑色小·脚裤让你在简洁的搭配里脱颖而出。

外套/ 淘宝
内搭/ Zara
裤子/ Pull & Bear
鞋子/ Jimmy Choo
包包/ LV

Pull & Bear

Hermes

Zara

Taobao

LV

Jimmy Choo

酒红色
连衣裙

酒红色连衣裙
+
高跟鞋或平底鞋

酒红色连衣裙很衬肤色，显得皮肤特别白皙，镂空花纹的设计让裙子富有层次感，收腰的款式让腰变得更细了，搭搭配一双同色系高跟鞋或平底鞋都非常好看。

Maje

Hermes

色彩搭配

连衣裙/ Maje
鞋子/ Valentino
包包/ Hermes
项链/ Hermes

Hermes
mini kelly

搭配建议

一款让你有淑女气质的派对小礼服，不仅优雅且能藏住女生手臂上的"拜拜肉"，酒红色也是黄皮最好的朋友，于是连衣裙的酒红搭配鞋子的酒红就更漂亮了！鞋子也精心选择了有金色铆钉的款式，手上拿的灰色包包手柄用黄色丝巾系住，也是小小亮点。

Valentino

4 冬季恋歌

冬日大衣的N种颜色

小香风
粗花呢

小香风粗花呢
+
针织连衣裙

小香风粗花呢质感的外套，内里有衬很挡风，穿一件内搭针织连衣裙长度刚刚好，外套上有金色银色闪丝，闪闪亮亮的感觉相当精致，搭配袜靴也十分保暖。

Taobao

Dior

Taobao

Zara

Chanel

搭配建议

以金葱为主的渐变色大衣，粗花呢的材质很有贵妇感，盖住臀部的长度就算穿裤子也不会显胖哦，穿灰色、黑色和白色的裤子或内搭都很漂亮。

色彩搭配

大衣/ 淘宝
内搭/ 淘宝
鞋子/ Zara
包包/ Chanel

大白熊毛呢
短大衣

毛呢短大衣
+
一条简单的牛仔裤

大白熊既视感的毛呢短大衣，夹克立领款式的相当好看。冬天死气沉沉的黑色大衣一定觉得非常没意思，白色的让你成为人群中最闪亮的星星，内搭卫衣和毛衣都是不错的选择，一条简单的牛仔裤和休闲鞋都非常搭。

搭配建议

白色大衣不仅在黑压压的秋冬氛围里很特别，毛呢的材质保暖度也不错，基本上5°-10°的天气都可以穿，内搭颜色简洁的卫衣和牛仔裤，休闲又运动，是周末出行的最佳选择。

色彩搭配

大衣/ 淘宝
内搭/ Thom Browne
裤子/ Pull & Bear
鞋子/ Gucci

Thom Browne

Pull&Bear

Gucci

Taobao

焦糖色斜纹纹理大衣

羊毛大衣
+
灰色蝙蝠袖针织衫配
口袋牛仔裙

焦糖色斜纹纹理的羊毛大衣，不规则领口很有设计感，宽松的袖口可以让你内搭多穿几件也不害怕臃肿，里面一件灰色蝙蝠袖针织衫配口袋牛仔裙，一双不过膝的拉链长靴也能保持温度，长大衣又很好地起到保暖作用。

Celine

Massimo Dutti

Taobao

Taobao

Guidi

色彩搭配

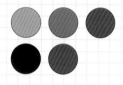

大衣/ Massimo Dutti
内搭/ 淘宝
裙子/ 淘宝
鞋子/ Guidi
包包/ Celine

搭配建议

这套用到的颜色比较多，虽然超过3种，但黑、灰和藏青基本可以算作一种色调，焦糖色的大衣通过针织毛呢材质显得更温暖，长度刚刚好，小个子也可以驾驭，无论搭配裤装或裙装都很酷。

宽松式大衣

宽松款式的毛衣
+
紧身牛仔裤

近年来流行的宽松式大衣不仅多穿几件内搭，慵懒的设计也让女生显得更优雅和女人味。搭配同样是宽松款式的毛衣也可以遮住冬天的肉肉，手臂和肚子都完美遮盖啦，穿上紧身牛仔裤或一条阔腿裤都是不错的选择，这里穿的是紧身牛仔裤显腿细，珍珠乐福鞋也十分有高级感。

搭配建议

棕色系的浴袍式大衣，买大一号挽起袖管更有女人味，内搭同色系的浅咖毛衣，色彩上形成统一，深蓝色牛仔裤和包包起到内外呼应的色彩质感。

Dior

Taobao

Chane

Taobao

Zara

色彩搭配

大衣/ 淘宝
毛衣/ 淘宝
裤子/ Zara
包包/ Dior
鞋子/ Chanel

冬季连衣裙可以这么配

小香风
连衣裙

双面羊绒大衣
+
粗花呢材质的连衣裙

粗花呢材质的小香风连衣裙，冬天在室内参加活动不会单薄寒冷，外面披上一件双面羊绒大衣就很温暖，口袋设计很方便实用，用一个胸针就可以点缀整套造型。

搭配建议

灰白夹杂的小香风连衣裙尽显贵妇气质。冬天可以有两种穿法。不怕冷的女生可以单穿，外面搭配毛衣和大衣，在室内脱去外套露出手臂也不会很突兀。怕冷的女生就在连衣裙里穿一件紧身的黑色T恤作为打底。

色彩搭配

连衣裙/ Vega Vesture
鞋子/ Roger Vivier
胸针/ Chanel
包包/ Hermes

Vega Vesture

Hermes

Hermes

Chanel

RogerVivier

驼色宽松毛衣外套

驼色宽松毛衣
+
不过膝的拉链长靴

冬天你最需要的就是针织裙，在膝盖上方5厘米左右的长度比较适合小个子女生。驼色宽松毛衣外套配上它刚刚好，不过膝的拉链长靴让整套搭配增加了几分帅气机车元素，初冬季节再加一件大衣，出门不会冷。

Taobao

Celine

Guidi

Zara

搭配建议

灰色连衣裙外面穿一件驼色宽松针织毛衣，你就是软软糯糯的温柔女生哦，挖肩设计也是充满了小心机，在室内和朋友聚餐约会，脱去厚重外套露出一点点小性感。

色彩搭配

连衣裙/ 淘宝
外套/ Zara
靴子/ Guidi
包包/ Celine

春秋季节的连衣裙其实也可以拿来做冬天的搭配，只要换上一些单品这个季节也不会冷。在牛仔连衣裙外加一件厚实的黑色毛衣外套，穿上黑色拉链长靴起到颜色统一的效果，孔雀蓝色包包和牛仔连衣裙颜色也十分搭调。

Hermes

Hermes
Birkin 25

Isabel
Marant

色彩搭配

Zara

Guidi

连衣裙/ Isabel Marant
外套/ Zara
靴子/ Guidi
包包/ Hermes

搭配建议

蓝黑色调为主的搭配，以牛仔材质的连衣裙作为内搭，简洁的款式系上一根金属元素的细腰带提升腰线。小腿粗的女生穿上及膝靴把内内藏住，露出大腿最细的部分，再以长款黑色大毛衣，长度与连衣裙基本持平就很协调。

既有风度又有温度这样穿最IN

质感厚实的羊毛外套

深灰色超厚毛衣
+
深色牛仔裤

质感厚实的羊毛外套也是冬季很好的搭配选择。红蓝色汽车图案的装饰青春活泼，冬天的办公室总是空调开很足，到了办公室之后可以换上一双红色单鞋，对应外套上的红色卡通图案。

搭配建议

深灰色超厚毛衣搭配藏青深色牛仔裤，再以红色黑边金色铆钉鞋作为亮点，这套搭配适合苹果身材的女生，中部肉肉比较多的可以用宽松毛衣遮盖，裤子可以选择修身款也能穿直筒的。

色彩搭配

外套/ LV
内搭/ Uniglo
裤子/淘宝
鞋子/ Valentino
包包/ LV

Uniqlo

Hermes

Taobao

LV

LV

Valentino

皮草质感的毛毛外套轻薄又保暖，冬天穿起来毛茸茸的还十分可爱，偶尔出去聚会想要在冬天露一点小性感，里面可以搭配一件斜肩T恤，下半身选择紧身牛仔裤可以是薄款的也可以是加厚的，这样保证不会很冷哦，戴上一顶军装帽帅气得不行。

搭配建议

驼色毛毛大外套和藏青色的完美结合，以藏青深蓝为主的一身配上驼色温暖感十足，全黑色尖头铆钉平底鞋拉伸腿部线条，显得腿更长哦。

色彩搭配

外套/ 淘宝
内搭/ 淘宝
裤子/ Zara
鞋子/ Valentino
包包/ Hermes

Taobao

Taobao

Taobao

Zara

Hermes
mini kelly

Valentino

年会上万众瞩目的女神

红色的
连衣裙

纹路质感的连衣裙
+
红色高跟鞋

年会的场合穿上红色的连衣裙一定很漂亮，蓬蓬的A字裙身上有黑色镂空图案，没有过分暴露的设计，收腰的设计既展现了身材又有活泼俏皮的女人味。

Maje

Dior

Dior

RogerVivier

搭配建议

穿着酒红色纹路质感的连衣裙的你必须是年会上最闪耀的星星。黑色纹路穿插在纯色裙子上营造出一些些渐变的感觉，并且搭配红色高跟鞋身高上也绝对不会输，银色的包包和简洁款式的耳钉气质高贵。

色彩搭配

连衣裙/ Maje
鞋子/ Roger Vivier
包包/ Dior
耳钉/ Dior

分体式
连衣裙

连衣裙
+
平底鞋

一套上衣配半裙的蓝色蕾丝系列女人味十足，小半袖的设计让你也不会在冬天视觉效果那么寒冷，精致的蕾丝花纹显得气质非凡，卷好头发，拆掉包包上的肩带，拿起手包你就是女神哦。

搭配建议

浅蓝色和深蓝色纹理质感的分体式连衣裙，既有中国风的典雅也有现代气质，大块蕾丝的拼接把这两个颜色结合得刚刚好，个字高的女生直接穿平底鞋就能有超强气场，当然个子矮的女生就一定要穿一双高跟鞋啦，保守的黑色最好。

Chanel

Sandro

VCA

RogerVivier

色彩搭配

LV

Sandro

上衣/ Sandro
裙子/ Sandro
鞋子/ Roger Vivier
包包/ LV
项链/ VCA
耳钉/ Chanel

前后V字领的藏青色蕾丝连衣裙

藏青色连衣裙
+
黑色机车皮衣

前后V字领的藏青色蕾丝连衣裙气质相当好，裙子长度正好到膝盖也显得十分优雅和内敛。搭配红色手包颜色更跳跃，个子高的女生穿个平底鞋就行，当然穿高跟鞋是最合适的。

Maje

VCA

Hermes

Hermes Kelly 32
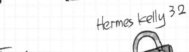

Taobao
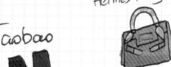

Bulgari
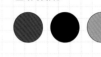

Valentino

色彩搭配

连衣裙/ 淘宝
鞋子/ Valentino
包包/ Hermes
项链/ VCA
手环/ Hermes

搭配建议

蕾丝凹凸质感的藏青色连衣裙，搭配一件帅气黑色机车皮衣，将温柔和硬朗完美融合在一起。为了在年会上气场全开，可以选择将皮衣架在肩膀上穿哦，黑色铆钉平底鞋或高跟鞋和机车元素呼应，包包当然要拿亮亮的橙色才更出挑。

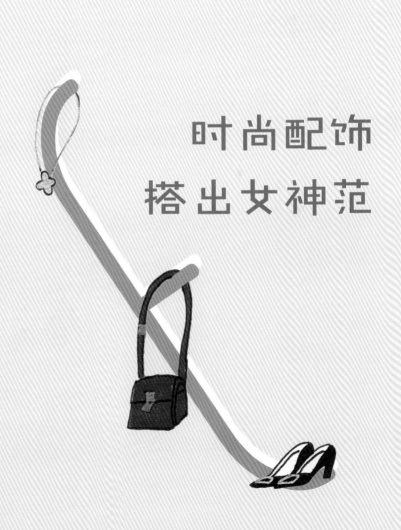

时尚配饰
搭出女神范

发饰

蓝色碎花发饰

牛仔裙
+
渔夫鞋和包包

一身的牛仔蓝清爽满分，局部破洞让牛仔裙显得更与众不同，挑选了蓝色碎花发饰跟全套搭配完美契合，蓝色渔夫鞋和蓝色包包也很搭哦。

搭配建议

蓝色系的全身搭配，用一小块红色作为点缀，从发带、连衣裙、鞋子和包包都用以蓝色作为高度统一，系发带的时候可以将一缕刘海放出来有修饰脸型的作用。

色彩搭配

发带/ 新加坡小店
裙子/ 淘宝
鞋子/ Chanel
包包/ Dior

Taobao

Dior

Miumiu

Singapore

Chanel

墨镜

连衣裙
+
包包

其实墨镜也可以戴出发饰的感觉。如果你的额头不是很高，可以用墨镜架在头发上的方法拉长脸部线条，露出额头也会让人显得更精神。

VICTORIA BECKHAM

LV

LV

Gentle Monster

LV

搭配建议

用墨镜作为"发带"来搭配不仅固定性特别好，而且具有很好修饰脸型的作用，镜片采用了蓝色反光的设计与连衣裙的蓝色刚刚匹配。

色彩搭配

墨镜/ Gentle Monster
裙子/维多利亚贝克汉姆
鞋子/ LV
包包/ LV
手环/ LV

2 帽子

黑粗尼材质帽子

孔雀蓝的毛衣
+
蓝色钻扣鞋

一顶可以让所有搭配变得酷感十足的帽子，黑粗尼材质很适合在秋冬季节戴，千万不要小看帽子对脸型的修饰作用，将帽子倾斜一些角度佩戴，可以修饰过宽的颧骨，延伸头顶的边缘线条，让脸变得更长些也就显尖了。

色彩搭配

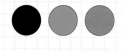

Urban Research

Taobao

Pull & Bear

Dior

Chanel

Chanel

Manolo Blanhik

搭配建议

孔雀蓝的毛衣搭配黑色帽子，并且与黑色包包、蓝色钻扣鞋和孔雀蓝丝巾形成了色彩的高度统一。

帽子/ 淘宝
上衣/ Urban Research
裤子/ Pull & Bear
鞋子/ Manolo Blanhik
包包/ Chanel

焦糖色的礼帽

米白色的连衣裙
+
焦糖色包包

焦糖色的礼帽比普通黑色的更柔和，配合米白色的连衣裙上衣显得十分软妹子，毛衣连衣裙稍许露出一点点肩膀就很温柔。大大的帽檐可以让脸显得更小，千万记得帽子不要压到底戴，而是留出适度的空隙。

搭配建议

软糯质感的色彩配搭，让你在黑洑洑的秋冬季节更温柔，米白色毛衣连衣裙衬得肤色更柔和，焦糖色的礼帽才用大帽檐样式修饰颧骨，并与焦糖色包包相呼应。

色彩搭配

帽子/ Override
连衣裙/ 淘宝
胸针/ Chanel
鞋子/ Zara
包包/ LV

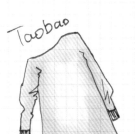

Override

Taobao

LV

Chanel

Zara

3 项链

珍珠项链

藏青色针织无袖上衣
+
深蓝色牛仔小脚裤

藏青色针织无袖上衣
和深蓝色牛仔小脚裤
充满着干练的感觉，
虽然颜色单调但利用
长项链的修饰效果，
不仅有雍容华贵的气
质还能修饰过于简单
的上身，珍珠项链使
用黑白两色相间的不
会使色彩感到突兀。

色彩搭配

Taobao

Dior

Chanel

Chanel

搭配建议

珍珠项链与珍珠手链可以视作一套配饰，用长款项链拉伸颈部线条显得脖子更修长，职业与温柔感并存。

Taobao

Dior

MiuMiu

JimmyChoo

项链/ Chanel
上衣/淘宝
裤子/淘宝
鞋子/ Jimmy Choo
手链/ Chanel
包包/ Dior

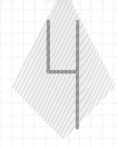

4 丝巾

浅蓝与深蓝丝巾

蓝色棉质衬衫连衣裙
+
鞋子

丝巾搭配的规则有两种，这套示范的便是同色系法则，蓝色棉质衬衫连衣裙和丝巾蓝色是整体搭配和协调的，腰带金属元素和灰色起到中和作用，丝巾上的蓝色也和鞋子呼应，一股蓝色的清新扑面而来。

色彩搭配

Chanel

Hermes

LV

Muji

Hermes

Manolo
Blahnik

Dior

MiuMin

搭配建议

浅蓝与深蓝的层次感色彩搭配，由浅至深的叠搭更有高级感，丝巾作为整套穿搭的亮点配饰，简单地挂在脖子上，长款的式样垂感极好，将简单款式的衬衫连衣裙衬托得更灵动。

连衣裙/ Muji
丝巾/ Hermes
腰带/ Hermes
鞋子/ Manolo Blahnik
包包/ Chanel

MCQ丝巾

上衣
+
牛仔裙

撞色丝巾搭配也是不错的选择，比如全身以藏青色蓝色为主的时候，搭配一根蓝紫色底面玫红色花纹的丝巾都很出挑。大量同底色零星跳色你就一定能脱颖而出。

Hermes

Dior

色彩搭配

Taobao

MCQueen

上衣/ 淘宝
裙子/ Zara
鞋子/ Chanel
丝巾/ MCQueen
项链/ Hermes

Zara

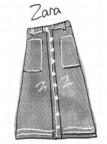

Chanel

搭配建议

前几年特别流行的MCQ丝巾，被许多好莱坞明星作为T恤的万能搭配，如今再拿来搭配简洁的蓝色穿搭也不过时，蓝底紫色花纹的薄款丝巾在春夏秋冬这三个季节都能使用到，跳跃的紫色也很衬皮肤。

5 腰带

灰色金属扣腰带

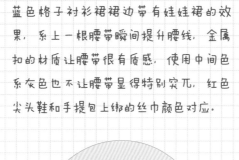

蓝色格子衬衫裙
+
红色尖头鞋

蓝色格子衬衫裙裙边带有娃娃裙的效果，系上一根腰带瞬间提升腰线，金属扣的材质让腰带很有质感，使用中间色系灰色也不让腰带显得特别突兀，红色尖头鞋和手提包上绑的丝巾颜色对应。

搭配建议

灰色金属扣的腰带适用于大部分裙装，不仅提升腰线显腿长，灰色更有中和其他色彩色的效果，红色尖头鞋和灰色包包上的红色丝巾让平庸的色彩更特别。

Valentino

Hermes

Isabel
Marant

Dior

Gentle Monster

色彩搭配

裙子/ Isabel Marant
腰带/ Hermes
鞋子/ Vientino
包包/ Dior
手镯/ Hermes
墨镜/ Genter Monster

浅蓝色的条纹收腰衬衣

条纹系带衬衫
+
紧身小脚牛仔裤

日系OL最喜欢的条纹系带衬衫，V领设计不仅露出美丽的锁骨，系带的款式也提高腰线显得腿更长，紧身小脚牛仔裤让你的曲线更突出，穿上黑色高跟鞋显得特别有精神。

搭配建议

浅蓝色的条纹收腰衬衣，用衬衣自有的腰带作为点缀，提升腰线的同时更能凸显腰细的优点，与普通皮质腰带不同，衬衣质感的腰带与原有的搭配相当统一。

色彩搭配

衬衫/ 23区
牛仔裤/ 淘宝
包包/ Dior
项链/ Hermes
耳钉/ Bvlgari
鞋子/ Jimmy Choo

23区

Taobao

Dior

Chanel

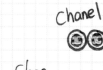

Hermes

JimmyChoo

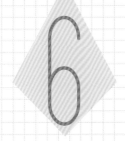

包包

红色斜挎包

灰色蝙蝠袖短款上衣
+
浅蓝色长款牛仔裙

每当觉得搭配颜色单调的时候，可以选择一个亮色包包做调和，这款小包非常经典，硬朗的款式相当简洁但能HOLD住所有搭配，看上去虽小但容量超大，零钱包、手机、粉饼和口红都能塞下。

搭配建议

灰色蝙蝠袖的短款上衣搭配浅蓝色长款牛仔裙，不仅显腿长也能遮住手臂和肚子的小赘肉，用红色斜挎包作为点睛色彩最合适不过了，在整本书中此款红色包包的出现频次很高，日常出行的得体搭配都有它的功劳。

Gucci

Celine

Taobao

Zara

色彩搭配

裙子/ Zara
上衣/ 淘宝
鞋子/ Gucci
包包/ Celine

淑女优雅风格搭配的时候最需要的就是一个女人味十足的
包包，这款DIOR丝绸材质的LADY DIOR就非常有气质，银色
是个百搭色，在手柄上缠绕小的红色长丝巾起到了点缀的
作用，即便一身黑色也能凸显你的高贵范儿。

色彩搭配

上衣/ Zara
裙子/ Zara
鞋子/ Zara
包包/ Dior

搭配建议

丝绸质感的包包比起普通皮质包包更
有淑女风范，如果想搭配出一套优雅淑
女感，一定要选择丝绸包包，为了防止
丝质手柄容易被手汗等原因弄脏，绑
上一根红色小丝巾起到装饰作用的
同时还能保持整洁。

鞋子

袜靴

上衣
+
黑色短裙

非常推荐快消品牌的一双袜子短靴，和普通短靴所不同的是，袜靴对小腿的修饰作用比一般短靴要好，包裹度相当优秀，而且简高正好卡在脚踝和小腿肚之间，很好地遮盖了肌肉腿，粗跟的设计让8厘米的跟高走路也不累，评价十足的好货。

Zara

Zara

Zara

Tiffany

搭配建议

近几年流行的袜靴不仅在材质上更透气，而且更能贴合小腿线条，经典的黑色百搭且时尚，粗跟的款式普通人都能驾驭。

色彩搭配

上衣/ Zara
裙子/ Zara
鞋子/ Zara
包包/ Dior

巴黎世家
大LOGO
尖头鞋

红色连衣裙
+
尖头鞋

2018年异军突起的巴黎世家大LOGO尖头鞋，后跟系带款式特别有女人味，各大品牌现在都会推出类似款式的鞋子，超细尖的鞋头让你小腿再延伸1厘米，视觉效果增高3厘米，格子绒布材质也适合秋冬季节，配一条红色连衣裙在路上都能转圈圈啦。

Celine

Zara

Bvlgari

Balenciaga

Maje

Gentle Monster

搭配建议

后跟带的尖头款式也是这两年的大热款，很多品牌相继推出了此类型的鞋履，在气温还算暖和的春秋也可以穿搭，长长的尖头款式让小腿更修长，红黑白的格子色彩也能与各类红色连衣裙等服装搭配。

色彩搭配

外套/ Zara
连衣裙/ Maje
鞋子/ Balenciaga
包包/ Celine
墨镜/ Genter Monster

秋季穿搭涂鸦

Maje

Celine

Gucci

Taobao

Stella Outfit

Sandro

Zara

Coco

Stella Outfit

Chanel

Chanel

Gucci